GEOGRAFIA FÍSICA: CIÊNCIA HUMANA?

GEOGRAFIA FÍSICA: CIÊNCIA HUMANA?

FRANCISCO MENDONÇA

Copyright© 1997 Francisco Mendonça
Todos os direitos desta edição reservados à
Editora Contexto (Editora Pinsky Ltda.)

Coleção
Repensando a Geografia

Coordenador
Ariovaldo U. de Oliveira

Projeto gráfico e de capa
Sylvio de Ulhoa Cintra Filho

Ilustração de capa
Imagem de satélite do Pantanal Matogrossense

Composição
Veredas Editorial

Dados Internacionais de Catalogação na Publicação (CIP)
(Câmara Brasileira do Livro, SP, Brasil)

Mendonça, Francisco
Geografia física: ciência humana? / Francisco Mendonça 8. ed.,
3ª reimpressão. – São Paulo : Contexto, 2025. – (Repensando
a Geografia)

Bibliografia
ISBN 978-85-85134-41-9

1. Geografia – Filosofia 2. Geografia física 3. Geografia –
História I. Título II. Série.

89-0168   CDD-910.02
                                                          -910.01
                                                           -910.9

Índices para catálogo sistemático:
1. Geografia : História 910.9
2. Geografia : Teoria 910.01
3. Geografia : Física 910.02

2025

EDITORA CONTEXTO
Diretor editorial: *Jaime Pinsky*

Rua Dr. José Elias, 520 – Alto da Lapa
05083-030 – São Paulo – SP
PABX: (11) 3832 5838
contato@editoracontexto.com.br
www.editoracontexto.com.br

Proibida a reprodução total ou parcial.
Os infratores serão processados na forma da lei.

Para
Natha,
Conti,
Márcia e
Borzachiello
pela força carinhosa
que me ajudou a
produzir este.

SUMÁRIO

O Autor no Contexto 9

1. Discutindo a Geografia 11

2. A Geografia Física no Contexto 27

3. O Problema Metodológico 40

4. Aspectos Contemporâneos 55

5. Considerações Finais 66

Sugestões de Leitura 69

O Leitor no Contexto 72

O AUTOR NO CONTEXTO

Francisco de Assis Mendonça nasceu em Araguari, Minas Gerais. Caçula de uma família de oito irmãos, foi o único a poder estender seus estudos até a universidade.

Formou-se em geografia pela Universidade Federal de Goiás e faz pós-graduação em geografia física na Universidade de São Paulo. Em 1988 fez um estágio de "Teledetecção Aplicada aos Estudos da Geografia Física" na Université Rennes 2, França.

Deu aulas no secundário e atualmente é professor de geografia física na Fundação Universidade de Londrina.

Conhece o Brasil inteiro através de viagens de carona e da mesma forma esteve na Argentina, Chile e Colômbia. Curte natureza, comida natural, criança e acampar. Considera teatro, cinema e música indispensáveis, mas gosta de alterná-las com o vôlei e o ciclismo.

A seguir, Francisco Mendonça responde a quatro questões:

1. Qual a importância do tema deste livro na sua vida acadêmica?
R. As questões teóricas da geografia enquanto ciência só começaram a me preocupar na metade do curso de graduação. Creio que por causa da minha militância política ative-me mais à geografia humana. A geografia física era uma enorme quantidade de questões sem respostas. Mais adiante fiz um curso de geomorfo-

logia e comecei a compreender a natureza e sua estreita relação com a sociedade. No decorrer de minha pós-graduação na USP fui compreendendo a natureza dentro da geografia.

2. Como você enxerga o estudo da natureza como uma ciência autônoma?
R. Penso na operacionalidade deste estudo e não encontro uma proposta. É difícil concebê-lo dentro de uma única ciência por vários motivos, entre eles o da natureza ser tão vasta e heterogênea e possuir um sombreamento enorme entre seus limites. Seria muito difícil estudá-la através de uma única ciência. O estudo da natureza em ciências específicas é bastante satisfatório. O que falta é um aprimoramento nos métodos e técnicas de estudo.

3. Qual a importância do estudo da natureza na geografia como ciência humana?
R. O estudo da natureza dentro da geografia assume importância fundamental na medida em que ressalta o jogo de influências que a sociedade e a natureza desenvolvem na estruturação dos espaços; é dentro da geografia, particularmente, que a natureza assume seu papel social mais importante.

4. Existe uma história da geografia física? Em caso negativo, por quê?
R. Desde que se entenda que história é a simples narração dos fatos, acontecimentos ou particularidades relativas a um determinado assunto, podemos afirmar que existe uma história da geografia, da qual a história da geografia física é uma parte. Ao mesmo tempo, não existe nenhuma obra intitulada "História da Geografia Física", "História da Geografia Humana", "História da Geografia Regional", etc. A história dessas especificidades do conhecimento geográfico está narrada através das milhares de obras de geografia produzidas desde que o rótulo dessa ciência começou a figurar no meio científico e suas origens se perdem no conhecimento dos povos.

1
DISCUTINDO A GEOGRAFIA

Os aspectos teóricos da geografia enquanto ciência têm constituído temática de discussão de inúmeros colóquios, seminários, mesas-redondas, congressos, etc.. Ao mesmo tempo, é grande o número de autores que escreveram e publicaram obras sobre essa temática. É interessante todavia notar que a maior parte dessas produções são de autoria de geógrafos ligados principalmente à parte humana/social da geografia, registrando uma tendência a tratar os aspectos ligados à geografia física de maneira muito superficial. Acreditamos que isto se dê principalmente pela falta de convívio contínuo com este sub-ramo da geografia.

É notável o fato de os geógrafos mais ligados aos estudos do quadro físico do planeta, os geógrafos físicos, não terem desenvolvido com mais intensidade trabalhos sobre a problemática teórica da geografia e especialmente da geografia física; ou será que problemas desta ordem não os atingem?! Entretanto, sabe-se que a geografia física é um dos temas mais polêmicos no que se refere à sua configuração geral, principalmente fora do grupo dos geógrafos físicos.

Organizamos este texto partindo da abordagem de aspectos mais gerais para aspectos mais particulares, ou seja, partimos de uma análise da formação das ciências no geral e dentre elas a geografia, até analisarmos especificamente a geografia física. Desta forma o presente texto encontra-se dividido em quatro partes: o primeiro capítulo envolve uma análise do desenvolvimento da geografia como um todo; o segundo trata especificamente da geografia física enquanto desenvolvimento histórico; o terceiro apresenta a metodologia específica para geografia física; e o quarto discorre sobre algumas características contemporâneas deste ramo do conhecimento geográfico.

Deixamos já nesta introdução o esclarecimento de que não nos posicionamos favoráveis a nenhuma geografia de cunho super-individualizado, embora aceitemos sua experiência enquanto parte do conhecimento científico e parte da ciência geográfica; o leitor perceberá, no decorrer do texto, o porquê de nossa posição. Esclarecemos também que não nos preocupamos com a definição restrita de determinados termos sendo que os mesmos foram utilizados no texto no seu sentido mais genérico, tais como "meio ambiente", "natureza", "meio natural", "meio físico", "quadro físico", etc...

AS FORMAS DO CONHECIMENTO

A apreensão da realidade pela mente humana compõe o que se conhece por ato cognitivo, ou seja, compõe o conhecimento humano; este, por sua vez, é fruto do trabalho do homem sobre a natureza através de sua ação teleológica (objetiva), característica fundamental que distingue os homens dos outros animais.

Analisado segundo diferentes correntes filosóficas, o ato cognitivo se nos apresenta dividido de acordo com alguns elementos principais, tais como *senso comum, arte, filosofia* e *ciência*. Os dois primeiros são classificados como sendo as formas do conhecimento livre, enquanto os dois últimos como as formas de conhecimento sistemáticas ou padronizadas.

O *senso comum* é aquele conhecimento que se desenvolve a partir do momento em que o ser humano adquire a faculdade de pensar e acumular na mente a realidade; estando diretamente ligado à vivência e à cultura à qual o indivíduo pertence, ele é passado de geração a geração.

A *arte* é uma forma de relação do homem com o mundo, uma interpretação que ele faz dele, baseada na subjetividade e completamente instintiva, constituindo-se num dom que o indivíduo possui; por isso mesmo, é uma forma de conhecimento específico.

A *filosofia*, ao contrário do que muitos pensam, não é uma ciência; é uma reflexão sobre o mundo. É uma faculdade do pensamento, portanto do conhecimento, para a qual não existem leis e nem passos rígidos a seguir. A coerência no discurso, no enunciado e um encadeamento lógico do pensamento são atributos necessários a esta atividade cognitiva que auxiliou preponderantemente o surgimento e o desenvolvimento do conhecimento científico, da ciência.

Desenvolvida durante muitos séculos entre os sábios religiosos, de onde adquiriu uma influência teológica muito forte, foi somente com o advento da Revolução Francesa e a ação valiosa dos iluministas dos séculos XVIII e XIX que a filosofia conseguiu sair à luz da sociedade em geral e desgarrar-se daquele ranço impregnado das concepções religiosas.

Inspirados por um conhecimento mais generalizado e procurando explicar os fenômenos terrestres através deles mesmos e do homem, os iluministas engendraram, de maneira geral, uma substituição na explicação da realidade que até então só tinha como base o abstrato. A utilização de fatos concretos, visíveis, palpáveis passou então a ser o outro recurso para se chegar à compreensão dos fenômenos terrestres.

Há que se fazer alusão, todavia, à ação retardatária da Inquisição sobre a constituição das ciências; sendo ela um movimento religioso em defesa das concepções religiosas, sua contribuição para a não-constituição das ciências foi algo de grande expressão, talvez a mais forte influência negativa sofrida pelo desenvolvimento do conhecimento científico. Tendo se iniciado uns três séculos antes do Movimento Iluminista ela não deixou aqueles filósofos imunes e muitos deles foram severamente punidos por ela.

O conhecimento científico, embora se utilize dos dois primeiros elementos para sua formação – o senso comum e a arte –, é bastante diferente deles e bem próximo do terceiro – a filosofia –, dele se diferenciando principalmente quanto à exigência de uma sistematização e comprovação de "verdades". Para a comprovação destas verdades, o estabelecimento de leis é uma atividade necessária, ou seja, a ciência estabelece leis para que sejam comprovadas as verdades dos fenômenos ou fatos existentes no planeta; leis estas originadas de um longo processo de observação e estudos sobre estes mesmos fenômenos e fatos.

Cada ciência percorre um caminho na busca da comprovação de suas verdades, mesmo existindo atualmente correntes filosóficas que negam a existência dessas "verdades"; este caminho é conhecido como o método científico de trabalho, resultado da associação de concepções filosóficas aplicadas às ciências. Cada ciência possui, assim, um ou alguns métodos segundo os quais desenvolve suas atividades específicas.

Várias são as concepções que agrupam em campos ou ramos determinados o conhecimento científico, sendo a grande maioria de cunho positivista; as inúmeras divisões que existem, boa parte arbitrárias, agrupam tal conhecimento nos seguintes campos principais:

a) ciências naturais (divididas em ciências da terra e ciências biológicas);
b) ciências exatas e
c) ciências humanas.

Felizmente a organização do conhecimento não exige uma clara e rígida divisão destes conhecimentos, o que caracterizaria uma violação da unidade essencial da realidade. Tal compartimentação, pelo contrário, impõe o reconhecimento de divisões coerentes e maleáveis, que se superpõem pelo menos em parte. Cada um destes campos encontra-se assim dividido em vários segmentos, constituídos por ciências particulares; desta maneira, dentro das ciências da terra encontramos a geologia, a agronomia, a pedologia, etc.; dentro das ciências biológicas encontramos a biologia, a ecologia, a veterinária, etc.; dentro das ciências exatas encontramos a matemática, a engenharia, a arquitetura, etc. e dentro das ciências humanas a história, a sociologia, a geografia, etc.. Todas estas ainda são subdivididas em ramos específicos, subramos, etc.

A geografia, tendo como característica uma forte influência do conhecimento cultural, transmitido de geração a geração, portanto senso comum, foi por muito tempo desenvolvida socialmente sem que possuísse o rótulo que conhecemos atualmente, pois o homem sempre foi um geógrafo, no sentido mais amplo da qualificação. Somente no final do século XVIII é que alguns cientistas sistematizaram tal conhecimento, esfacelado ou disperso numa enorme gama de ciências e no saber cultural, e assim criaram a ciência chamada geografia.

Originalmente formada no encontro das ciências humanas, da terra e biológicas, a geografia apresentou desde sua gênese científica uma forte complexidade quanto à sua definição conceitual, bem como a aplicação metodológica; isto sem falar na sua problemática enquanto possuidora de um objeto de estudo que reúne uma série de objetos de estudos de outras ciências.

As divergências dos geógrafos entre si e destes com outros cientistas quanto à abordagem da geografia se fazem sentir até nossos dias quando se se familiariza com a realidade do seu quadro teórico. E é dentro deste contexto, na categoria de profissionais envolvidos com o trabalho do geógrafo e também preocupados com estas questões teóricas desta ciência, que desenvolveremos este capítulo.

RELAÇÕES DA GEOGRAFIA COM OUTRAS CIÊNCIAS

O fato de a geografia fundir os resultados e, por vezes, os métodos de um sem-número de outras ciências, faz dela uma ciência de *relações*, não somente da já célebre relação entre o homem e o meio, a sociedade e a natureza, mas uma ciência de estreita relação entre inúmeras outras ciências, de forma particularmente muito mais acentuada. Esta é uma das características particulares da geografia.

Utilizando-se constantemente de dados das ciências exatas, naturais e humanas a geografia constituiu o seu corpo de estudos básicos e é indubitavelmente ao preencher o vazio que existe entre os fenômenos físicos e humanos do planeta que ela encontra seu papel fundamental; dito isto, necessário se faz ressaltar o papel individualizado segundo o qual a maioria das ciências se desenvolveu ao proceder ao estudo de seus objetos. Veja-se, por exemplo, o estudo detalhado da biologia celular, da matemática exponencial, da física dos átomos, da química dos minerais, das lutas das classes sociais, entre tantos outros. Todas são abordagens específicas que observadas isoladamente dão-nos a impressão de não desenvolverem uma análise de relações entre diferentes segmentos das ciências.

Que todo conhecimento novo seja enriquecedor à sociedade e que, estando diretamente ligado ao homem, tenha como fim último a sociedade, é fato que nem sequer cogitamos colocar em discussão, já que toda ciência tem como objetivo fundamental o desvendamento do desconhecido para satisfazer às necessidades humanas; mas daí a produzir somente análises estanques e, de certa forma, contribuir para se dificultar a compreensão da realidade é questionável.

Esta afirmação tem por objetivo instigar a reflexão sobre a quantidade de conhecimentos produzidos dissociadamente a partir de algumas ciências; poucas são as ciências ou ramos delas que se propõem a fazer a ponte entre os vários campos do conhecimento científico. Tal fato toca muito de perto a geografia na medida em que se propõe a ser uma ciência ponte entre os aspectos naturais e os aspectos humanos do planeta, entre as ciências naturais e as ciências humanas.

É bem verdade, entretanto, que este objetivo de compreender os fenômenos naturais e sociais e tentar explicar suas inter-relações e interferências esclarecendo a partir de então a organização espacial, tem-se constituído como um desafio tanto para a definição conceitual e metodológica da geografia como também um entrave à qualificação e atuação dos profissionais diretamente envolvidos com esta ciência.

Nessa linha de análise chega-se facilmente à conclusão de que, por natureza, a geografia tem um caráter particularmente heterogêneo; se, por um lado, ela se alinha entre as ciências da natureza, por outro situa-se entre as ciências do homem, e daí decorre a busca contínua de sua unidade. Esta unidade procurada ainda não se deu nem no seu aspecto teórico mais geral e nem tampouco na prática dos geógrafos. Salvo raras e isoladas tentativas, não se verificou uma unicidade satisfatória das várias áreas do conhecimento que a geografia engloba e utiliza para sua produção.

Sendo a geografia uma ciência resultante do encontro de um grande número de outras ciências, estas, por sua vez, influenciaram o seu desenvolvimento. Essa mútua influência se registrou nas outras ciências mas não com tamanha intensidade, tanto que a abordagem de setores específicos do conhecimento, dentro da geografia resultou, de certa maneira, na sua fragmentação (exemplos: a influência da biologia originou a biogeografia; da geologia a geomorfologia, etc.). Se, por um lado esta fragmentação impulsionou o relacionamento dos geógrafos e portanto da geografia com as ciências afins, abrindo seu horizonte, por outro dificultou a concretização de seu objetivo de unidade bem como propiciou o desenvolvimento de estudos fragmentados de seu objeto.

É claramente compreensível a diversidade do pensamento geográfico, enquanto tendências específicas, no estudo do espaço terrestre; essa diversidade, expressa tanto conceitualmente quanto metodologicamente, encontra-se nas influências das outras ciências sobre a origem e desenvolvimento da geografia. Tome-se, por exemplo, o estudo da forma de organização dos componentes bióticos (vegetais e animais) e abióticos (clima, relevo, etc.) do planeta, estudados independentemente uns dos outros por várias ciências e relacionadamente por outras, e suas influências quando da necessidade da compreensão de seu inter-relacionamento na caracterização dos diferentes espaços. Esta necessidade caracterizou o surgimento, dentro da geografia, de um segmento mais voltado à compreensão do quadro físico do planeta, natural ou alterado pela ação humana, denominado por alguns de geografia da natureza e, pela maioria de geografia física.

Enquanto ciência que tem por objeto de estudo as relações entre o homem e o meio, numa troca simultânea de influências, a geografia se encontra preocupada com a compreensão dos aspectos naturais do planeta tanto em suas especificidades quanto no seu inter-relacionamento e configuração geral; também a sociedade, parte integrante deste inter-relacionamento, assume importantíssimo papel no contexto geográfico, dividindo igualmente com o quadro físico do planeta o rol de preocupações desta ciência.

Estudado isoladamente do quadro físico do planeta pelas ciências humanas e/ou sociais, o homem é elemento importantíssimo não só no contexto geográfico, mas no contexto geral das ciências; sendo ele mesmo o produtor de tal conhecimento, a ciência, mesmo que boa parte não se ocupe diretamente com o seu estudo enquanto ser humano ou ser social, não tem outro objetivo senão ele. Entretanto, suas atividades repercutem-se tanto a nível local quanto planetário; e o quadro físico deste cenário, ao mesmo tempo que é alterado por suas ações, influencia e pode direcionar com maior ou menor grau de intensidade suas atividades. Esta segunda necessidade, a da compreensão das formas de organização social do homem e suas relações com o meio, é o outro elemento importante da geografia para a análise da diferenciação de locais. Esta segunda necessidade caracterizou então o surgimento e desenvolvimento do outro ramo de estudos específicos desta ciência, qual seja a geografia humana.

As ciências exatas no seu particular de ciências de base, no caso específico das matemáticas, tiveram influência marcante na geografia sobretudo após os anos 50 quando da chamada "Revolução Quantitativa" nesta ciência; enquanto ciência de base, sua influência, anterior à referida época, deu-se no contexto geográfico, da mesma maneira ou talvez com menor intensidade que nas demais ciências. A física é uma das ciências exatas (?) que maior influência teve e tem na geografia através de dois de seus ramos, a meteorologia e a astronomia; entretanto, estes dois ramos estão bem mais próximos das ciências naturais que das exatas.

Em 1978 o geógrafo brasileiro Carlos Augusto Figueiredo Monteiro apresentou uma interessante proposição da divisão dos campos do conhecimento e a posição da geografia no meio deles, tal qual reproduzimos na figura 1. A feliz proposição daquele estudioso da geografia ilustra com clareza nossas preocupações, expressas acima, acerca do relacionamento entre a geografia e as demais ciências. Além disso, permite ao leitor maior facilidade na compreensão do proposto.

O referido esquema ressalta a característica da geografia enquanto ciência mais voltada aos estudos das organizações humanas e seu reflexo na caracterização do espaço físico, o que faz dela uma ciência principalmente social. Confirmando tal caracterís-

Figura 1

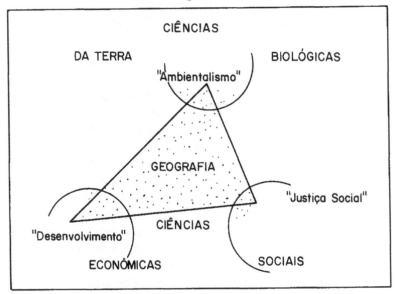

Fonte: C.A. de Figueiredo Monteiro, 1978.

tica, o autor reforça o fato de o vértice menor do triângulo estar mais afeto às ciências da terra e biológicas (naturais), sendo que os outros dois maiores vértices estão voltados às ciências econômicas e sociais, partes das ciências humanas. Tal esquema caracteriza a geografia física como uma parte da geografia, assim como faz da geografia humana também uma parte dela; um e outro estudo desenvolvidos independentemente e com um grau de especificidade muito elevado podem perder a qualidade de trabalho geográfico, ou serem questionados quanto a essa qualidade.

O tratamento dos aspectos físicos do planeta ou, como querem alguns, do quadro natural, não faz da geografia e nem da geografia física uma ciência natural, biológica ou da terra; ela é acima de tudo uma ciência do espaço e é aí que encontramos sua característica fundamental. Enquanto divisão geral das ciências ela se encontra indubitavelmente entre as ciências humanas e é ali o seu lugar correto, haja vista possuir como objetivo primeiro o estudo do jogo de influências entre sociedade e natureza na organização do espaço.

UMA QUESTÃO CONCEITUAL

Muitas foram as definições que apareceram para a geografia numa tentativa de efetivar sua conceituação; definições utilizando conotações variadas mas a maioria dizendo respeito à Terra e ao Homem, as duas componentes básicas desta ciência.

Possuindo um objeto de estudo bastante mutável metodologicamente e complexo, a grande maioria das definições conceituais possuem a maleabilidade de abordá-lo tanto do ponto de vista da Terra quanto do Homem, dependendo muito do referencial do autor. Daí a grande variação conceitual desta ciência.

Essa maleabilidade real deu origem à dicotomia da geografia manifestada através da divisão de geografia física ou geografia humana a partir da Escola Possibilista, surgida na França do século XIX. Para Vidal de La Blache, o criador daquela escola geográfica francesa, a geografia era a ciência dos lugares e não dos homens. Segundo ele, a geografia estava interessada nos acontecimentos da história na medida em que eles punham em ação e esclareciam, nos lugares onde ocorriam, qualidades e virtualidades que, sem esses acontecimentos, permaneceriam latentes. Esta definição deixou clara a tendência da geografia à diferenciação de áreas no planeta o que caracterizou marcadamente toda a produção geográfica influenciada pela referida escola, partindo dali a origem e desenvolvimento da chamada geografia regional.

É importante acrescentar que aquela geografia lablachiana, por mais que estivesse preocupada com a apreensão dos fatos gerais dos lugares, evidenciou os aspectos humanos em detrimento dos aspectos físicos. Assim, promoveu o desenvolvimento considerável de uma parte do conhecimento geográfico, a geografia humana, e originou o distanciamento e desenvolvimento em separado da geografia nos dois ramos já aludidos; o físico ou natural e o humano.

O Determinismo Geográfico, a escola geográfica imediatamente anterior e mesmo contemporânea ao Possibilismo Francês, desenvolveu *a priori* na Alemanha e posteriormente em vários outros países, uma geografia de cunho principalmente naturalista, influenciada que foi pelos proponentes desta ciência, Humboldt e Ritter, mas com a conotação de que o quadro físico dos lugares determinava a atividade humana. Mesmo atendendo a objetivos de dominação territorial, aquela geografia alemã ratzeliana (Ratzel foi seu proponente e grande defensor) ainda foi praticada com uma certa unidade dos aspectos físicos e humanos dos lugares, equiparados uns e outros. Mesmo assim houve uma ênfase na utilização dos aspectos físicos para explicar a organização dos diferentes espaços e como arma para a dominação de uns povos sobre outros, o que se constituiu nas primeiras manifestações dos estudos de geopolítica.

Após a decadência da Escola Possibilista, deu-se, dentro da geografia, um desenvolvimento acirrado das abordagens específicas dos fenômenos físicos e humanos separadamente. Enquanto Emannuel De Martonne desenvolvia uma geografia física em detalhes e produzia uma ciência voltada ao estudo específico do quadro natural, Max Sorre liderava e influenciava toda uma produção de geografia humana, tendo o homem como centro das atenções e dando continuidade ao pensamento da escola possibilista, como teoria explicativa da ação humana sobre a natureza. No mesmo período Elisée Reclus criava a geografia social. Ainda que não a denominasse geografia humana, procurou, mesmo tentando uma produção mais unitária no pensamento geográfico, dar continuidade à produção dicotômica em geografia. Se suas obras não tivessem sido tão perseguidas pelos demartonianos e lablachianos franceses, é possível que ocorresse o desenvolvimento de uma geografia não tão fragmentada e a dicotomia física *versus* humana talvez não chegasse a acontecer.

Na concepção de Hettner (1905) a geografia "é o estudo da superfície da Terra conforme suas diferenças"; na de Sauer (1925) a "ciência da diferenciação de áreas"; para Jan Broek (1965) "a geografia é o conhecimento ordenado da diversidade da Terra como o mundo do homem" etc. Em todas estas concepções, assim como na maioria de outras, percebe-se um não-fechamento quanto à questão dos aspectos físicos ou humanos do planeta; dito de outra forma, todas estas definições e outras apresentadas para o rótulo geografia apresentam o seu objeto de estudo não especificamente ligado a uma análise do espaço geográfico com conotação específica de ciência da terra, biológica ou humana. Isto é compreensível em virtude da já aludida complexidade e maleabilidade na abordagem de seu objeto de estudo.

AS DUAS NATUREZAS

Uma nova conceituação surgiu muito recentemente, com a grande influência do marxismo sobre as ciências humanas, com implicações no quadro teórico da geografia. Ainda se está longe de chegar a conclusões precisas e esgotar a discussão, mas é importante ressaltar alguns pontos consideráveis dessa conceituação. Estes pontos estão relacionados às várias possibilidades de interpretação do que seja a geografia e suas implicações no corpo de elementos da geografia, particularmente da geografia física.

Segundo essa visão a geografia é uma "ciência que estuda o espaço organizado por uma sociedade", portanto uma ciência social. Tal conceituação, bastante diferente de todas aquelas expostas anteriormente, apresenta uma relação de dependência muito grande da sociedade. Basta analisar com um pouco mais de profundidade a expressão "espaço organizado por uma sociedade" para perceber o quão impregnada de uma tendência reducionista é esta definição. Reducionista sim, na medida em que ela só considera como "espaço" do qual deve se ocupar o geógrafo ou a geografia aquele organizado ou produzido por uma sociedade.

Boa parte dos geógrafos que defende esta concepção, a maioria ligados à geografia humana, explicitam o caráter deste espaço geográfico como produto do trabalho do homem em suas relações sociais de produção. Diferenciam "espaço geográfico" de "espaço": o primeiro, objeto de estudo da geografia, deve ser concebido como um produto histórico e social das relações que se estabelecem entre a sociedade e o meio ambiente; o outro, o "espaço", é tudo aquilo que este não é.

Na tentativa de assumir uma conotação mais marxista, este conceito defende também a afirmação de que é a ação consciente do homem a responsável pela transformação da natureza em espaço geográfico; o próprio homem e suas múltiplas relações são resultantes da produção desse espaço. A nosso ver, nesta concepção, o espaço geográfico nada mais é do que a segunda natureza, já que para a produção da primeira natureza a sociedade em nada participa, nem os seus elementos individualmente nem a coletividade como um todo.

Parece estranho afirmar que a geografia deva ocupar-se somente com o estudo da segunda natureza. Que ciência, então, se incubiria de estudar a primeira natureza em sua distribuição, composição, desenvolvimento e, mais importante, influência sobre a organização social, mesmo que mínima? Assim torna-se um tanto questionável a posição daqueles geógrafos humanos adeptos dessa nova concepção, autodenominados marxistas, para quem a dialética marxista é quase método único de abordagem científica. Uma das leis da dialética é a interpenetração dos contrários; segundo ela os diversos aspectos da realidade se entrelaçam e, em diferentes níveis, dependem uns dos outros, de modo que as coisas não podem ser compreendidas isoladamente, uma por uma, sem levar em conta a conexão que cada uma delas mantém com coisas diferentes. Para não recorrer às outras leis da dialética, somente esta já ilustra ou demonstra que a segunda natureza não pode ser compreendida isoladamente e sem relação com a primeira natureza, e que ambas compõem a natureza do planeta, onde a ligação do homem se dá através de inúmeras relações. Não seria antidialético excluir do quadro da geografia a abordagem da primeira natureza? Ou aquilo que não está diretamente ligado à sociedade não tem influência sobre ela? Ou não é da alçada da geografia o estudo dos oceanos, das regiões desérticas inabitadas, dos pólos gelados do planeta? Lugares como aquele apresentado pela fotografia 1 não seriam objeto de estudo da geografia?! Para onde é que iria o seu caráter de ciência dos lugares?

Em se tratando de primeira e segunda naturezas é necessário relembrar suas definições dada sua importância neste ponto. Boa parte dos geógrafos é unânime em aceitar a definição de que a primeira natureza é a "natureza em estado natural", diferente da segunda natureza, já submetida à sociedade, isto é, a natureza que já apresenta resultados da ação humana.

A segunda natureza, aquela diretamente ligada ao espaço geográfico desta geografia social, identifica aquelas realidades na-

Foto 1 – Vista da Costa do Continente Antártico, tomada da Ilha de Antuérpia (Anvers Island). Em primeiro plano sobressaem os afloramentos rochosos e, ao fundo, ergue-se a cadeia montanhosa da Península Antártica que tem, nesse trecho, uma altitude aproximada de 1.500 m. (Foto de Mário Katsuragawa, 1984).

turais modificadas pelo uso social que permanecem sendo naturais, porém com a qualidade nova de se constituírem também em produtos da história humana, materializações do trabalho social. O desenvolvimento da história humana seria, então, uma progressiva transformação da superfície terrestre pelas diferentes sociedades, ao longo dos tempos. As fotografias 2 e 2A mostram espaços já bastante organizados por diferentes sociedades; lugares que apresentam características de segunda natureza.

Aceitando esta nova conceituação por completo, estaríamos também aceitando que um grande número de obras publicadas em geografia durante seu desenvolvimento e que foram produzidas especificamente sobre a primeira natureza ou sobre lugares que não apresentavam nenhuma organização social, não seriam obras de geografia. Não estaríamos, assim, jogando fora uma parte muito importante do desenvolvimento geográfico? A história da geografia teria que ser, indubitavelmente, reescrita.

Foto 2 – Machu Pichu (ruínas) – Cidade mais importante da dinastia dos incas, tribo reinante no Peru antes da conquista espanhola.

Foto 2A – Florença – Cidade localizada às margens do Rio Arno e capital da Toscana, Itália. (Fotos do autor).

Todas estas observações acerca de conceito, método e objeto da geografia demonstram que são muitos os critérios para se colocar o limite entre a área de competência da geografia e a das ciências naturais ou humanas contíguas. Um critério de delimitação específico e que vale a pena lembrar é a possibilidade da representação cartográfica, como ressalta Pierre George, em cartografia contínua, assim como no ordenamento de todos os dados relativos a um inventário completo da freqüência do fenômeno em pauta, numa superfície definida. Segundo George a especificidade da geografia se afirma através de sua capacidade de qualificar essa superfície a partir de diversos dados e das relações de dados que determinam sua personalidade, independentemente das preocupações de cada uma das ciências de análise da natureza ou das formas de organização e de atividade humanas.

2
A GEOGRAFIA FÍSICA NO CONTEXTO

Tratar a geografia física de maneira especial significa colocar em evidência um ramo da ciência geográfica que tem despertado muita crítica entre os cientistas de maneira geral, inclusive os próprios geógrafos; significa, também, estar tocando diretamente na velha questão dicotômica da geografia: geografia humana *versus* geografia física.

O tratamento dos aspectos sociais e naturais dentro de uma única ciência, a geografia, constitui-se em um dos seus grandes problemas desde sua origem. A dificuldade da análise ou do trabalho conjunto destes dois elementos caracterizou todo o desenvolvimento da geografia e, contrariamente à sua evolução, quando se poderia imaginar que tal divisão seria superada no trabalho contínuo, ela ficou mais evidente e se configura agora como um dos mais fortes problemas para a unicidade da ciência em questão. Mesmo se ela tem por objetivo o estudo das relações entre a sociedade e o seu meio, por nós entendido como primeira e segunda naturezas, as inúmeras especificidades dos dois elementos acabaram por orientar a visão dos geógrafos que deveriam desenvolver e manter uma visão globalizante da interação dos dois processos, para visões distintas e com desempenhos seguindo abordagens diferentes. Com tais características não se poderia estranhar o fato de a geografia física e a geografia humana possuírem métodos tão diferenciados além de a geografia como um todo possuir uma epistemologia tão complexa.

Mesmo que se relute em aceitar que é quase impossível trabalhar sociedade e natureza dentro de uma única ciência, deve-se, entretanto, aceitar que o processo de desenvolvimento e evolução destes dois componentes do planeta se dê de maneira completamente diferente. Se por um lado, a natureza desenvolve-se e evolui de acordo com suas próprias leis, a sociedade, pela sua própria característica de entidade teleológica, desenvolve-se e evolui de acordo com objetivos próprios, traçados por indivíduos e/ou grupos que, utilizando a faculdade de pensar, produzem as transformações sociais na busca de satisfazer desejos e necessidades humanas. Se no seu processo evolutivo de transformações a natureza possui seu conjunto de leis gerais e específicas próprias, para a sociedade não se pode afirmar o mesmo, a não ser que assumamos uma concepção positivista em sua expressão máxima.

Alguns exemplos bem simples podem ser tomados para ilustrar esta diferenciação entre as concepções das leis naturais e sociais. As plantas, por sua própria lei natural, realizam a fotossíntese como mecanismo da absorção da energia solar desde sua origem no planeta até nossos dias; o ciclo da água passando pela evaporação, condensação, precipitação, infiltração, etc., assim como a necessidade de ser alimentado que o corpo humano tem para produzir novas células e manter-se vivo e todos os outros processos naturais desenvolvem-se da mesma maneira – concebida pela ciência como leis da natureza –, há milhares de anos. As leis naturais de formação, desenvolvimento e reprodução dos componentes da natureza são as mesmas desde sua origem até nossos dias; algumas delas sofreram transformações de ordem superficial ou foram alteradas, ora aceleradas ora retardadas, em conseqüência de anomalias da própria natureza ou da ação humana, mas desenvolvem-se como anteriormente.

Para a sociedade não existem as leis gerais que regem os fenômenos desde sua gênese no planeta até a atualidade, ou seja, não se pode afirmar que determinadas transformações sociais de um passado remoto sejam as mesmas de hoje. Não se pode afirmar, por exemplo, que as transformações que a sociedade feudal sofreu sejam iguais àquelas pelas quais passa a sociedade capitalista atual; os objetivos concretos de mudanças sociais dos homens da sociedade escravocrata não são os mesmos dos homens da sociedade socialista atual quando investem na aplicação da Perestroika, por exemplo. Se existiram leis sociais que regeram a atuação dos burgueses na decadência do feudalismo, hoje, analisando o papel da burguesia dentro da sociedade, percebemos claramente quão diferente é sua influência. Isto significa que mesmo leis mais gerais para um determinado momento histórico não são válidas para outros momentos.

Em vista destas diferenciações entre as leis naturais e sociais, não é difícil conceber que a ação da sociedade sobre a natureza se dê segundo leis muito diferentes das que regem os fenômenos naturais. Compreender a ação antrópica sobre a natureza de maneira dialética não é tarefa difícil; entretanto, afirmar que o processo evolutivo da natureza se dá dessa forma é prematuro por falta de comprovação científica.

Convictos de que sociedade e natureza exigem metodologias próprias de análise assim como da dificuldade em se trabalhar as duas variáveis na ótica de uma única ciência, torna-se mais fácil compreender a problemática da geografia assim como a dicotomia geografia humana *versus* geografia física, mesmo que somente este fato não justifique ou não deva ser usado para justificar uma série de caminhos incorretos percorridos por geógrafos, bem como sua configuração como ameaça para o esfacelamento do conhecimento geográfico.

Antes de tecer considerações específicas em relação ao desenvolvimento da geografia física e sua constituição, é importante assinalar que a geografia física não deve se isolar do contexto geral das ciências humanas, e vangloriar-se – em função de seu empirismo, muitas vezes exagerado –, de ser mais científica do que as outras geografias.

Este rápido esboço introdutório já assinala a complexidade do problema, exigindo um tratamento cuidadoso e detalhado, que descarte argumentações que possam mascarar, de certa maneira, sua realidade. Assim, acreditamos que conhecer a geografia física no seu processo de surgimento, formação e desenvolvimento, bem como sua configuração atual e sua relação com a geografia humana, poderá esclarecer uma série de dúvidas e lacunas de qualquer interessado na questão.

ORIGEM E EVOLUÇÃO DA GEOGRAFIA FÍSICA

Primeiros Passos

Mesmo tendo suas origens, enquanto conhecimento científico, entre os naturalistas dos séculos XVIII e XIX, foi sem dúvida com o aparecimento da geografia regional de Vidal de La Blache, na França do século XIX, que se deu realmente a concretização da geografia física enquanto ramo específico de estudo da ciência geográfica.

As viagens de descobrimentos e reconhecimentos científicos desenvolvidas pelos europeus até o começo deste século acabaram por produzir uma geografia excepcionalmente descritiva e narrativa dos lugares, verdadeiros "retratos escritos". Naturalistas, principalmente alemães como Kant, Ritter, Humboldt, etc. desenvolveram muito bem essas atividades e nos legaram importantes documentos. Esses documentos se caracterizaram como as primeiras bases de formação da geografia como ciência e, conseqüentemente, como base também para a geografia física.

Estas primeiras produções da ciência geográfica caracterizaram-se pelas observações e análises dos componentes do meio natural de maneira não especificamente individualizada, localmente ou regionalmente, mas pelas relações mútuas entre estes componentes e sua repartição mundial. Era uma geografia geral de cunho eminentemente descritivo que predominou na geografia alemã do século XIX e início do século XX.

Não se deve dizer, entretanto, que aquela geografia fosse menos científica do que a produzida hoje. É evidente que há uma imensa diferença entre aquele saber geográfico de dois séculos atrás e o atual, mas ele não deve ser qualificado de *menos geográfico* pelo fato unicamente de tratar a natureza e não considerar as relações da sociedade com o meio natural. Como boa parte daqueles trabalhos eram desenvolvidos a partir de regiões praticamente virgens, não seria possível levar em consideração a análise de uma sociedade inexistente. Boa parte daqueles trabalhos foram produzidos sobre lugares que na nossa concepção eram classificados como pertencentes à primeira natureza, no sentido mais amplo do termo.

Um dos primeiros registros do termo geografia física foi no título de um livro de Kant no final do século XVIII, mesmo estando longe, enquanto conteúdo, do que mais tarde e atualmente é caracterizado como conhecimento científico.

Após as primeiras manifestações entre os naturalistas, surgiram duas linhas de pensamento ("escolas") que marcaram o século XIX: o Determinismo (Escola Determinista) e o Possibilismo (Escola Possibilista), sobre os quais já tecemos anteriormente algumas considerações. Dentro da visão determinista da geografia ainda perdurou aquele enfoque generalizante e descritivo que caracterizou a fase anterior do pensamento geográfico. Não havia uma separação muito clara entre os aspectos humanos e físicos do planeta, o que facilitou a essa escola explicar a influência determinante dos componentes do quadro físico sobre os humanos. Seu desenvolvimento na Alemanha assegurou a continuidade do pensamento dos naturalistas alemães que haviam iniciado as produções específicas em geografia.

A geografia possibilista, numa reação salutar e produtiva contra a geografia e antropogeografia mecanicista dos sábios da Europa Central, fez uma marcante ruptura com a antiga tradição naturalista. Nesta abordagem, fruto da grande influência do humanismo em voga na época, a geografia se desenvolveu através de caminhos onde a dicotomia entre os aspectos humanos e físicos se fez sentir sem que fosse preciso um grande esforço para notar tal separação. Houve sensível exaltação dos aspectos humanos do planeta em detrimento dos aspectos físicos.

Como foi dito, principalmente dentro da geografia regional de La Blache, o criador da Escola Possibilista, vamos encontrar as verdadeiras raízes da geografia física. Essa escola propiciou a ruptura concreta entre os dois ramos principais da geografia. A geografia física não era tratada dentro de um enfoque analítico, era uma mera descrição do quadro natural que poderia influenciar as atividades humanas, um simples apêndice da geografia humana que servia para, muito humildemente, dar uma noção de espacialidade aos fenômenos sociais.

Muito influenciada pelo espírito cartesiano, a geografia física lablachiana colocou em vigor os trabalhos de campo promovendo bem marcadas descrições, classificações, comparações e correlações das partes integrantes do conjunto regional, produzindo ao final tipologias fisionômicas. O meio natural não era mais que um dos elementos das combinações regionais, tratado sem grande relevância. Em função da falta quase total de utilização de um método analítico, aquela geografia regional possibilista incorreu em estagnação e involução, principalmente no que se refere às abordagens do quadro natural das regiões. Assim, atribuiu à geografia física uma missão impossível dado o caráter restritivo da abordagem – com abrangência ao nível da região, e podendo ser estendido, por comparações e analogias, para as escalas zonal e planetária. A geografia física estava, desta maneira, fadada a acabar não fosse o desenvolvimento de suas subdivisões, ocorrido logo a seguir ao declínio, em parte, da influência da linha possibilista sobre a geografia do século XIX.

O Desenvolvimento dos Ramos Específicos

O fraco enfoque dado aos aspectos naturais individualmente, nas abordagens naturalista e possibilista levou ao estudo separado dos vários componentes do meio como o clima, a morfologia do relevo, a vegetação, as bacias hidrográficas, etc... Isto caracterizou o desenvolvimento da geografia que se desenvolveu seqüencialmente à Escola Possibilista. Assim, deu-se o aparecimento individualizado da climatologia, da geomorfologia, da biogeografia, da hidrografia, etc... que se baseando em outras ciências tais como a meteorologia, a geologia, a biologia, etc...influenciaram o conhecimento geográfico produzido a partir de então, chegando até o século atual. Estas áreas específicas passaram a se constituir então nos ramos de estudos e pesquisas científicos da geografia física, ou seja, passaram a se constituir em subdivisões da divisão do conhecimento geográfico.

Com forte influência da geologia estrutural, a geomorfologia foi o primeiro ramo individualizado da geografia física a tomar corpo e desenvolvimento autônomo, não sendo de se estranhar o fato de que os primeiros geomorfólogos tenham sido anteriormente geólogos. Tal é o caso do géologo norte-americano William Morris Davis, o pai da Teoria do Ciclo Geográfico do Relevo que, no início deste século, tirou da geologia clássica a geomorfologia, ressaltando a importância das transformações a que o modelado do relevo está constantemente submetido. Sua concepção consideravelmente simplista e redutivista da evolução do relevo que excluía as áreas de climas semi-áridos e desérticos da análise do ciclo do relevo, foi bem mais tarde aprofundada por A. Cholley que, associando o papel do clima e da vegetação no modelado da superfície terrestre, propõe a célebre Teoria do Sistema de Erosão, uma aplicação saudável da Teoria dos Sistemas à geomorfologia moderna e contemporânea.

O surgimento da climatologia, oriunda da meteorologia, foi marcado por uma vasta documentação estatística, e a análise dos elementos do clima e suas gêneses – que propiciou o aparecimento da climatologia dinâmica –, só veio a acontecer bem mais tarde. No entanto, embora com uma característica estática, os primeiros geógrafos que se dedicaram aos estudos dos climas conseguiram caracterizar os climas zonais e regionais. Esta última característica perdurou nos estudos de climatologia no Brasil até aproximadamente a última década, embora A. Strahler tenha difundido nos anos 50 e 60 a magnífica noção da dinâmica atmosférica baseada nos movimentos das massas de ar. Tal concepção somente nos últimos tempos tem tomado corpo dentro da geografia em geral, o que tem provocado uma certa revolução na maneira de se estudar a atmosfera.

As observações feitas por engenheiros e agrônomos, principalmente, sobre o escoamento superficial e o processo erosivo deu nascimento à hidrologia continental e à geomorfologia dinâmica; a influência dos biólogos, botânicos e zoólogos deu origem à biogeografia e, através das grandes expedições européias da segunda metade do século XIX, nasceu a oceanografia.

Diretamente inspirado pela noção de sistemas, pelos modelos teóricos de Davis e pelos trabalhos de geólogos norte-americanos e franceses, Emmanuel De Martonne, geógrafo francês, editou em 1909 a obra intitulada *Tratado de Geografia Física Geral (Traité de Geographie Physique Génerale)*, a qual influenciou toda a produção de geografia física francesa e de outros países onde se desenvolviam estes estudos, até meados da década de 50. Completamente dissociada dos aspectos humanos da geografia, esta obra reuniu em alguns capítulos os quatro ramos principais da geografia física com evidente influência do geólogo norte-americano, de quem guardou uma posição claramente determinista. Ali a geomorfologia teve o maior destaque, o que, em função de seu supercrescimento e desenvolvimento, marcou definitivamente a cisão com o projeto lablachiano de concepção regionalista. Ao mesmo tempo, realçou e deu força à individualização dos diferentes ramos da geografia física. A descoberta de leis constituiu-se na saga dos geógrafos físicos desta linha que orientaram seus estudos através de trabalhos de campo em pequena e média escalas, dando maior importância às repartições que às inter-relações dos componentes do meio.

Nos primeiros 50 anos do nosso século a geografia física caracterizou-se então por estudos dos aspectos do quadro natural do planeta, tratados de maneira individualizada entre si e completamente distante da geografia humana, constituindo-se verdadeiramente numa ciência da natureza consideravelmente distante do princípio básico da geografia no geral. Se no estudo da geografia a relação entre o homem e a natureza aparece como objetivo básico, aquela geografia física demartoniana esteve sensivelmente longe destes propósitos na medida em que excluiu, quase que completamente, o homem de seu quadro de abordagens e preocupações, servindo como mero auxiliar de suporte para a geografia humana em alguns estudos de casos.

Grande influenciadora da produção atual de geografia física, a demartoniana também estava fadada ao enfraquecimento e à estagnação em função, principalmente, de uma caracterização preponderantemente positivista e descritiva dos componentes do meio físico; e também pelo seu sectarismo em relação à geografia, no geral. Embora tenha tido um caráter científico relevante, sua praticidade não inspirou o desenvolvimento de correntes que pudessem dar continuidade à sua forma original.

Uma Nova Roupagem

Os anos 50 do nosso século configuraram-se como uma década de reconstruções gerais no mundo, princjpalmente naquelas partes atingidas mais diretamente pela Segunda Grande Guerra. As invenções e os descobrimentos, decorrentes do conflito, produziram reordenações marcantes na evolução do pensamento da humanidade e progressos rápidos e transformações simultâneas no seio das ciências.

Os consideráveis avanços nos estudos de meteorologia impulsionaram os conhecimentos da atmosfera de forma mais detalhada e influenciaram o desenvolvimento da climatologia. A partir de então, a climatologia assume um novo caráter, e passa a encarar os climas do planeta de forma dinâmica, baseando-se mais nos controles climáticos – centros de altas e baixas pressões, massas de ar e seus deslocamentos etc. – que simplesmente nos fenômenos locais. Também o trabalho dos geomorfólogos e biogeógrafos acabam por detalharem-se bem mais.

As conseqüências da guerra se fizeram sentir na alteração dos componentes bióticos (seres vivos) do planeta; a vegetação, o ar e a água do planeta alteraram-se em graus diferenciados, ao nível de locais e geral.

A década de 50 marcou também o apogeu da aplicação da Teoria dos Sistemas à ciência em geral. Para a geografia física este fato configurou-se como o esforço do espírito de cientificidade que buscava. Ao nível da geografia como um todo, a aplicação deste método associado à Teoria dos Modelos e à utilização da quantificação caracterizaram uma nova produção do conhecimento geográfico, originando, como já foi visto, a chamada Nova Geografia (New Geography).

Antes de caracterizarmos a geografia física dentro desta nova modalidade, achamos necessário considerar também outros aspectos gerais que contribuíram para o novo direcionamento dos estudos. São aspectos que não têm ligações diretas com o assunto que ora tratamos, mas que provocaram alterações tão marcantes no quadro físico do planeta, de maneira geral, que não abordá-los significaria alienação quanto às influências deste ramo da ciência geográfica. Estes aspectos estão ligados à organização do espaço mundial após a Segunda Guerra Mundial em zonas de influência de países desenvolvidos. A partir de interesses exploratórios, espaços até então em bom estado de equilíbrio, dentro dos países subdesenvolvidos e/ou dependentes, principalmente, foram profundamente alterados.

A divisão do mundo em áreas de influência de potências economicamente dominadoras não é fato exclusivo da Segunda Guerra Mundial. Lenin, coerente com o pensamento de Marx, publicou, no começo do século XX, sua célebre obra *Imperialismo, Fase Superior do Capitalismo*, onde traçou um perfil da organização mundial assinalando as nações que se configuravam como potências nos fins do século XIX e início deste. As mudanças que se operaram na distribuição das áreas de influência das potências do começo do século e dos anos 50 foram bastante fortes. Se anteriormente a Alemanha, Inglaterra e Japão despontavam como fortes dominadores, a Segunda Guerra assinalou o aparecimento dos Estados Unidos e União Soviética como novas potências com atuações exploratórias muito mais intensas sobre as nações dependentes deles.

A nova organização do espaço mundial entre países capitalistas e socialistas, obviamente regidos segundo os modos de produção da potência dominadora, atuou sobre o desenvolvimento das ciências em geral. Se nos países socialistas a "ditadura do proletariado" enfraqueceu o desenvolvimento das ciências humanas (sociais) em função da censura à crítica do sistema, nos países capitalistas sem ditaduras os questionamentos sociais e da organização do poder utilizando também o pensamento marxista, auxiliaram no desmascaramento de injustiças sociais bem como permitiram avanços no progresso da democracia. A geografia humana, das especialidades da geografia, foi quem mais lucrou com essa influência ideológica dentro das ciências. Nos países capitalistas abertos como a França, os geógrafos humanos aliaram parte do método quantitativo à concepção dialética da sociedade, utilizando o método marxista, principalmente a partir dos fins dos anos 50, para desenvolver as análises das transformações sociais, o que rendeu à geografia humana um salto qualitativo marcante.

Infelizmente este progresso não foi estendido às transformações espaciais que se processavam simultaneamente às sociais. A separação entre geografia humana e geografia física não diminuiu pois enquanto a primeira se aproximava enormemente da sociologia e da economia, a segunda estreitava laços com as ciências da terra e da natureza.

A geografia física encontrou terreno fértil dentro dos países socialistas como ciência da natureza desvinculada das relações sociais; e dentro dos países capitalistas sua trajetória não se deu de maneira muito diferente, por mais paradoxal que possa parecer. O emprego da Teoria dos Sistemas, Modelização e Quantificação marcou profundamente a produção de geografia física durante as duas décadas de 50 e 60, tanto em países socialistas quanto em países capitalistas. Assim, produziu-se uma ciência de caráter neopositivista que valorizava as análises de fenômenos específicos e suas inter-relações, ao mesmo tempo que se aproximou demasiadamente das ciências que lhe serviam como base. O surgimento do método chamado *geossistema*, metodologia científica específica para os trabalhos de geografia física, marcou aquele período. No fim dos anos 60 buscou-se uma reordenação de concepções em função do acirramento das especificações dos seus ramos bem como da necessidade, então em voga, da interdisciplinariedade científica. Tanto quanto a geografia humana, a geografia física teve, nessa época, uma continuidade consideravelmente individualizada.

A explosão demográfica mundial muito comentada desde os anos 50, ao lado da consagração do imperialismo capitalista e socialista a nível planetário nos anos 60, culminou com uma brutal disparidade de condições de vida do homem. A demanda de recursos para a continuidade do processo produtivo, atendendo às necessidades de abastecimento ou à acumulação de lucros, ameaçou mais acentuadamente a natureza. As ameaças à natureza e portanto à sociedade criaram condições reais para o surgimento dos movimentos sociais organizados, formados principalmente por grupos de ecologistas de países desenvolvidos. Esses grupos procuraram alertar que o abuso da natureza colocava a própria vida humana em risco. Ressaltaram o importante papel desempenhado pela natureza na manutenção da vida no planeta, e denunciaram as políticas que favoreciam a exploração dos recursos naturais e a poluição do meio ambiente.

A ecologia passou então a ser a ciência da moda e em virtude da antiga proximidade da geografia física, o jogo de influências de uma sobre a outra foi grande e positivo. Estas influências marcaram as concepções e os trabalhos dos geógrafos físicos durante a década de 70 e contemporaneamente, o que veio a configurar-se muito longe ainda do ideal em uma reaproximação da geografia física com a geografia humana.

Os trabalhos de geógrafos físicos como Jean Tricart, Jean Dresch e Georges Bertrand, entre outros, podem ser citados como os mais característicos dentro desta linha mais recente de produções da geografia física. Fruto dessa reviravolta, acontecida nos anos 60, essa nova linha de pensamento em geografia física tem como pressuposto o fato de que a natureza, de acordo com suas leis próprias, deve ser encarada através de seu próprio sistema de organização e separada da sociedade, da mesma maneira como os antecessores da geografia física a percebiam. A diferença notável para a abordagem contemporânea é que no decorrer desta produção científica, a sociedade, enquanto produtora de ações transformadoras do quadro natural, influenciando-o e sendo influenciada por ele, é incorporada aos estudos de geografia física. A relação de troca de forças e energias entre a sociedade e a natureza colocou a ação antrópica como elemento componente do quadro natural. Não raro os modelos do ecossistema e geossistema têm servido aos geógrafos físicos para o desenvolvimento de seus trabalhos.

Jean Tricart tem se destacado sobremaneira nessa nova linha do pensamento geográfico e suas produções têm refletido com bastante clareza as características e os propósitos da geografia física em voga na atualidade. A natureza vista como um todo dinâmico, onde as variáveis relevo, clima, vegetação, hidrografia, degradação ambiental, ação antrópica, etc. inter-relacionam-se e interagem, são características marcantes de suas obras, tais como *La Terre Planete Vivante, Ecodinâmica* e *L'Eco Geographie*. Aqui uma nova geografia física é defendida conceitual e metodologicamente.

A degradação ambiental tem sido a tônica da geografia física contemporânea. Em função deste caráter ambientalista – não aquele ambientalismo que caracterizou a geografia lablachiana –, a necessidade de compreender a organização social e sua interferência nos processos naturais, provocando sua degradação, tem sido um aspecto cobrado aos geógrafos físicos. Essa necessidade os tem levado a se inteirarem dos processos de organização e transformação sociais que se relacionam com seu objeto de estudo e isto os tem aproximado bastante das ciências humanas, da geografia humana em particular. O contrário infelizmente não é verdadeiro, pois percebe-se que boa parte dos geógrafos humanos ainda acredita que a geografia física continua fechada em si mesma, estudando os processos da natureza dentro de uma concepção positivista e desvinculada do conjunto da sociedade.

Esta grande aproximação da ecologia não causa grandes problemas para a geografia física, embora se possa pensar que as duas estejam fazendo as mesmas coisas. Apesar de possuírem quase os mesmos objetos de estudo e produzirem resultados bastante parecidos, ecologia e geografia física não se fundem numa só ciência; a visão verticalizada que o ecólogo tem do quadro natural, herdada de sua origem da biologia, é muito diferente da visão horizontalizada do geógrafo que se preocupa sobremaneira com a extensão do fenômeno estudado, entre outras coisas.

A geografia física contemporânea, que se caracteriza por uma aproximação com a geografia humana, tem sido desenvolvida principalmente na França e sua difusão pelo mundo tem se dado de maneira relativamente lenta; o fato de ela ter se desenvolvido sobretudo naquele país é compreensível na medida em que ele foi ao mesmo tempo palco de grandes manifestações ecológicas nos anos 60 e 70 e, também, das transformações sofridas pela geografia – bem antes que outros lugares – no sentido de ultrapassar sua fase positivista. A utilização do método marxista e o surgimento da chamada geografia crítica despertou nos geógrafos físicos a necessidade de reverem suas produções. O resultado foi a necessidade da compreensão dos processos sociais e suas relações com a natureza, o que tem iniciado um processo de reaproximação entre os dois ramos específicos da geografia.

3
O PROBLEMA METODOLÓGICO

Regra básica exigida para caracterização do conhecimento científico, o método científico, nada mais é que fruto da associação de concepções filosóficas à ciência. Assim, todo conhecimento que é desenvolvido segundo uma determinada metodologia é científico, é ciência.

Os métodos aplicados às ciências apresentam-se divididos em duas abordagens principais: os métodos de interpretação e os métodos de pesquisa. Os métodos de interpretação referem-se às posturas filosófica, lógica, ideológica e política do cientista (exemplo: método funcionalista, estruturalista, positivista, marxista, etc.); já os métodos de pesquisa referem-se às técnicas utilizadas em determinados estudos, sendo que cada ciência possui seus próprios métodos de pesquisa. Esta particularidade não exclui ou impede o intercâmbio dos vários métodos entre as diferentes ciências.

A maioria das ciências se especializa num determinado conjunto de fenômenos: plantas, rochas, comportamento econômico ou político, etc. Os que trabalham estas particularidades (ou outras), sentem-se intrigados e mesmo ameaçados com os esforços e pretensões da geografia; parece-lhes que o geógrafo intromete-se e invade seus campos de ação. Essa intromissão ou invasão é facilmente notável na medida em que, ao desenvolver a pesquisa geográfica, o cientista é obrigado a recorrer constantemente aos métodos de cada uma das ciências de que se vale para chegar ao conhecimento analítico dos dados combinados de seu objeto de estudos, sejam eles fragmentários ou globais.

Quanto à metodologia da geografia, diz Jean Tricart (1977): "não existem métodos próprios à geografia, mas métodos próprios de aplicação muito mais gerais, e a utilização em geografia é um caso entre outros. Estes métodos do conhecimento são próprios a um grande grupo de disciplinas e somente os níveis inferiores, subordinados, são específicos de uma disciplina ou de uma ramificação de disciplina... uma atitude dialética deve permitir reintegrar os resultados analíticos obtidos nos seus contextos de interferência".

Especificamente no caso da geografia física, a utilização de métodos de pesquisa específicos de ciências como a geologia, pedologia, meteorologia, botânica, entre outras, é característica permanente do desenvolvimento de seus estudos; tais métodos são, muitas vezes, utilizados por ramos da geografia como a geomorfologia, climatologia, biogeografia, sendo que estas, com base naqueles estudos e levando em consideração o ponto de vista geográfico, desenvolveram metodologias especificamente aplicadas em seus estudos. Ao nível mais geral, da geografia física em conjunto ou da geografia como ciência globalizante, as produções científicas têm tentado trabalhar sob a orientação da "dialética da natureza" mas de maneira ainda muito incipiente e insatisfatória, sendo que a análise de sistemas tem-se configurado como a melhor metodologia da produção de geografia física moderna e contemporânea. Alguns métodos derivados desta segunda como a "noção de paisagem", "geossistemas", e a "ecogeografia" têm-se constituído como tentativas metodológicas específicas da geografia física, das quais nos ocupamos a seguir.

A DIALÉTICA DA NATUREZA

Esquecida ou deixada de lado pelo discurso geográfico geral, a geografia física, tão criticada por um bom número de geógrafos e outros cientistas influenciados pelo pensamento marxista em função de sua conotação sistêmica e quantitativista exagerada dos anos 50 e 60, voltou a ser discutida e produzida mais recentemente levando em consideração principalmente a relação sociedade e natureza.

Na volta ao palco de discussões a geografia física encontrou a chamada *geografia crítica*, influenciada diretamente pelo pensamento marxista e desenvolvendo a aplicação do método dialético em estudos e pesquisas. Neste contexto e ainda com os resquícios de uma visão dicotômica, desenvolvem-se separadamente ambos os ramos da geografia, mas principalmente a geografia humana como vimos anteriormente.

Definida como o modo de se pensar as contradições da realidade, o modo de se compreender a realidade como essencialmente contraditória e em permanente transformação, a dialética teve suas origens na Grécia Antiga com Aristóteles e desenvolveu-se através de inúmeros filósofos até aprimorar-se com o movimento iluminista no século XVIII. Através desta concepção, todos os componentes do planeta, principalmente a sociedade, desenvolvem-se num processo de contradições seqüenciais. Essas concepções aplicadas à ciência deram origem ao método dialético.

Fruto da ação objetiva do homem, o método dialético pode ser empregado para se analisar o processo evolutivo dos componentes do planeta, naturais e sociais. Este método tem leis próprias e estas são as principais:

1. *Lei da passagem da quantidade à qualidade (e vice-versa)*. Segundo esta lei todas as coisas, ao se transformarem, passam por períodos mais lentos (quando se sucedem pequenas alterações quantitativas) e mais acelerados (as modificações precipitam-se em "saltos", são qualitativas).

2. *Lei da interpenetração dos contrários (ou unidade e luta dos contrários)*. De acordo com esta lei todos os aspectos da realidade se entrelaçam, sendo que as coisas não podem ser compreendidas isoladamente; fazem parte de um contexto. As coisas todas possuem dois lados, sendo que um dos dois prevalece e sua oposição se constitui numa unidade.

3. *Lei da negação da negação;* segundo esta, toda afirmação engendra necessariamente sua negação, sendo que esta não prevalece como tal; tanto uma como a outra acabam por ser superadas e o que prevalece é uma síntese.

Karl Marx foi um dos grandes precursores da dialética da qual se utilizou para construir seu pensamento. Analisando o desenvolvimento social e a estrutura das classes decorrentes do modo de produção capitalista, elaborou sua célebre e profunda concepção da evolução das sociedades. Aprofundou as reflexões acerca da dialética enquanto categoria do pensamento e contribuiu consideravelmente para a consolidação do método dialético, um dos melhores e mais aplicados métodos de análise da sociedade dentro das ciências humanas.

Friedrich Engels foi um dos únicos estudiosos a tentar aplicar o método dialético aos estudos das ciências da terra e da natureza, produzindo uma interessante obra intitulada *A Dialética da Natureza*. Nesta obra podem ser encontradas muitas concessões ao positivismo e ao darwinismo, o que possibilita um questionamento sobre a aplicação deste método para a análise dos componentes do quadro natural. É ainda interessante salientar o fato de ainda não existir qualquer obra especificamente sobre a natureza dentro desta concepção.

A problemática básica da aplicação da dialética aos estudos do quadro natural está na própria constituição deste método, fundamentado no processo de transformação social; na natureza os processos de transformação e evolução se dão através de suas próprias leis e não obedecendo a nenhuma ação objetiva como pressuposto pelo método dialético.

O geógrafo, entretanto, pode pensar a natureza de forma dialética, ou seja, ter uma concepção, uma maneira de pensar dialeticamente a natureza, assim como concebe a sociedade. Afirmar-se numa postura de conceber a natureza dialeticamente sim, mas não afirmar que o processo de transformações e evolução da natureza se dá de forma dialética.

Embora um bom número de especialistas venha tentando aplicar o método dialético às ciências da terra e da natureza, ele ainda não obteve sucesso junto à geografia física.

A ABORDAGEM SISTÊMICA

Sistema ou Teoria dos Sistemas pode ser definido como conjunto de objetos ou atributos e suas relações, organizadas para executar uma função particular. Foi desenvolvido inicialmente nos Estados Unidos no final dos anos 20 deste século, e é um método que muito influenciou o desenvolvimento da geografia.

Aplicado a princípio aos estudos de termodinâmica e biologia, somente bem mais tarde sua aplicação se fez presente na geografia. Na ecologia, Tansley, em 1937, utilizando este método criou o conceito de ecossistema que mais tarde muito influenciou a geomorfologia (Chorlley, 1944) particularmente, e a geografia física (Sotchava, 1962, Bertrand, 1968, Tricart, 1977, etc.) no geral.

Figura 2 – Representação esquemática de um sistema, assinalando os elementos (A, B, C e D) e suas relações, assim como o evento entrada e o produto saída.

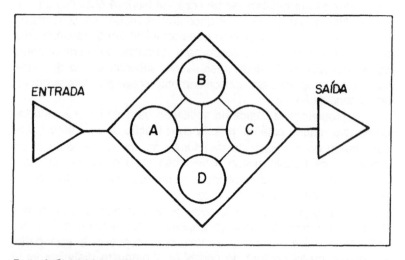

Fonte: A. Christofoletti, 1979.

As partes que compõem um sistema são as seguintes: elementos ou unidades, relações, atributos, entradas *(input)* e saídas *(output)*. O funcionamento destes componentes pode ser analisado a partir da figura 2.

Como exemplo simples, para se compreender o funcionamento de um sistema podemos citar o sistema planeta Terra dentro do sistema solar. A entrada *(input)* do primeiro seria composta pela energia solar e sua distribuição, provocando as inumeráveis realizações dentro do planeta, tendo como saída toda a realidade que podemos perceber ao nosso redor e mais além. Outros exemplos podem ser tomados como o sistema de uma bacia hidrográfica, uma cidade, uma árvore, um animal, uma célula, etc. Percebe-se assim que a grandeza de um sistema é bastante variável e que sua delimitação depende da escolha do pesquisador.

Os sistemas são classificados em isolados ou não isolados. Os primeiros são aqueles que fecham em si mesmos um ciclo de atividades, por exemplo o ciclo de erosão apresentado por Davis no início deste século (no soerguimento da superfície há um excesso de energia livre que é diminuta no estágio final do processo). Os sistemas não isolados são todos aqueles que mantêm relações com os demais, podendo ser fechados (ex: o ciclo hidrológico) e abertos (morfológicos, em seqüência, de processos-respostas, controlados, automantenedores, plantas, etc.).

A aplicação em grande escala da Teoria dos Sistemas à geografia deu-se primeiramente nos Estados Unidos durante os anos 50 e 60 principalmente. Nos anos 50, após o casamento da Teoria dos Sistemas com o Método Quantitativo dentro da geografia, esta recebeu a alcunha de *New Geopraghy* (Nova Geografia). Esse casamento só se tornou possível graças à aplicação também da Teoria dos Modelos, a modelização. A geografia assumiu uma configuração completamente diferente da desenvolvida até então. As transformações que mais marcaram o contexto geográfico desse período foram:

- a substituição da descrição da paisagem pela sua matematização;
- a substituição da morfologia da paisagem por uma rigorosa tipologia de padrões espaciais;
- a substituição das pesquisas de campo pelos trabalhos em laboratórios utilizando computadores; e
- a matematização da linguagem geográfica.

Conhecido como período da "Revolução Quantitativa e Teorética" dentro da geografia, esta etapa deu grande impulso aos estudos de geografia física principalmente, enfraquecendo, de certa maneira, a abordagem da natureza que tentava levar a ação antrópica como um de seus elementos. Isto repercutiu dentro da geografia como um acirramento do caráter de ciência da natureza da geografia física, tão propalado por alguns seguimentos científicos.

Sofrendo diretamente esta influência "Sistêmico-Quantitativo-Modelizadora" encontravam-se a geografia norte-americana, soviética e inglesa principalmente, e como resultado tivemos as produções de métodos oriundos destas bases na geografia física.

O *estudo da paisagem, o ecossistema, o geossistema, e a ecogeografia* aparecem então como os sistemas decorrentes em parte daquele movimento e hoje constituem-se como métodos de estudos aplicados especialmente à geografia física. É sobre eles que passamos a tecer algumas considerações.

O ESTUDO DA PAISAGEM

A paisagem, desde que compreendida segundo a definição geral em língua portuguesa (espaço de terreno que se abrange num lance de vista) é tudo aquilo que é perceptível aos olhos, compreendendo, um conjunto de elementos em dada porção do planeta.

Percebida através de uma visão científica, a paisagem ganha nuanças próprias de um método de pesquisa. Assim, o estudo da paisagem se constitui num dos mais antigos métodos de estudo do meio natural pertencentes à geografia, à geografia física, portanto.

A noção de paisagem originou-se com os geógrafos alemães no século XIX e o seu conceito é de natureza sobretudo fisionômica, estando originalmente ligada ao método de observações em viagens científicas desenvolvidas naquele século pelos europeus. Seu nascimento se deu com os grandes naturalistas da época.

Um dos grandes geógrafos contemporâneos, G. Betrand, adotou este conceito metodológico e o redefiniu como sendo "uma proporção do espaço caracterizada por um tipo de combinação dinâmica, portanto instável, de elementos geográficos diferenciados – físicos, biológicos e antrópicos – que, ao reagir dialeticamente uns sobre os outros, fazem da paisagem um conjunto geográfico indissociável que evolui em bloco, tanto sob os efeitos das interações entre os elementos que o constituem como sob o efeito da dinâmica própria de cada um dos seus elementos considerados separadamente". Esta definição alinhada ao pensamento de A. Cholley, é a de um sistema, designado por J. Tricat de *Sistema Natural*. Cada unidade se caracteriza por uma estrutura própria, que coincide com os elementos de interações.

A paisagem, dentro da noção desenvolvida sobretudo pelos alemães *(landschaft)* não é entendida somente como o meio natural ou os aspectos físicos do planeta, mas também incorpora o homem através de suas ações ao seu conjunto de elementos; compõe, assim, a chamada "paisagem natural" e a "paisagem humanizada".

A noção de paisagem constitui-se numa metodologia pouco empregada nos estudos modernos de geografia física, embora possa apresentar um conteúdo preciso e classificações satisfatórias do meio natural. Esta fraca utilizaçao deve-se ao seu caráter um tanto descritivo do quadro natural do planeta, além (e principalmente), das falhas, indenifições e lacunas quanto à delimitação das áreas de extensão de diferentes paisagens. Seus defensores, entretanto, insistem em considerar útil o conceito de paisagem, uma vez que resulta da combinação local e única de elementos da geomorfologia, clima e hidrologia, de um lado, e de vegetação, solo e fauna, de outro.

Na maioria das vezes, os tipos de paisagens são individualizados, sobretudo pela configuração botânica de um local ou, na sua ausência, pela característica superficial mais importante; assim podemos ter a paisagem da Floresta Tropical úmida de encosta como exemplo da primeira e a paisagem de clima semi-árido como exemplo da segunda, entre inúmeras outras.

O ECOSSISTEMA

Possuindo uma abrangência muito mais ampla do que o quadro da pesquisa naturalista clássica, o ecossistema veio constituir-se no modelo integrador dominante para o estudo da biosfera.

Caracterizado como um sistema, ele possui como característica as partes de entrada, relações e saídas de elementos. Compondo a entrada do ecossistema encontram-se as plantas verdes que realizam a fotossíntese (produtores primários – autotróficos) e que, pela assimilação da clorofila determinam o funcionamento complexo e hierarquizado do encadeamento trófico. Desta maneira, a energia, desenvolvendo o vasto trajeto iniciado com os produtores e finalizado com os decompositores, estabelece o circuito da matéria viva sendo que o mesmo pode ser cientificamente medido; deste processo fazem parte os componentes bióticos (organismos vivos) – e abióticos (relevo, clima, etc.). A figura 3 ilustra esta relação entre os elementos que compõem o "meio natural" vista da ótica do ecossistema.

Figura 3

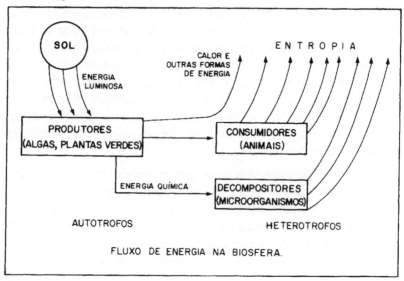

Fonte: François Ramade, 1977.

Simplificadamente o ecossistema pode ser definido como as inter-relações que os organismos de determinado local estabelecem entre si e o meio abiótico, ou seja, é a soma da biocenose (conjunto de animais e plantas de uma comunidade) ao biótipo (grupo de indivíduos geneticamente iguais). Tais sistemas podem ser caracterizados por sua biomassa e sua produtividade.

O ecossistema é um método de estudo da natureza específico da biologia e ecologia. Os cientistas ligados a estas ciências vêem tal sistema (ecossistema) de forma verticalizada, ou seja, concebem a natureza através de uma estrutura de andares, ciclos biogeoquímicos, produção de biomassas, aspectos fito e zoosociológicos, daí ser um método próprio de estudo daquelas ciências.

Um bom número de geógrafos, buscando compreender o funcionamento dos ecossistemas e, através deles tratar a natureza de forma sistêmica, propuseram aplicar à geografia física conceituações e métodos inspirados nos ecossistemas. O conceito de "sistema de erosão", desenvolvido por A. Cholley nos anos 40, mencionado no capítulo anterior, foi uma das primeiras aplicações da abordagem sistêmica à geografia, à geomorfologia neste caso particular. Numa seqüência de influências deste método à geografia física apareceu o termo *biocenose*, considerado por alguns geógrafos como sinônimo de ecossistema e, o mais importante deles, o *geossistema* proposto por Sotchava nos anos 60, dos quais nos ocuparemos a seguir.

O GEOSSISTEMA

Inspirados pelas ciências naturais da Europa Central e incitados pela política de reconhecimento e valorização de terras virgens em seu país, os soviéticos, na década de 60, deram um grande impulso à geografia física, criando um método de estudo específico para esse ramo da geografia: o geossistema.

O criador do termo/método geossistema foi o soviético Sotchava que em 1962, utilizando principalmente os princípios sistêmicos e a noção de paisagem, propôs a sua criação, e apresentou sua conceituação: *geossistema* é a expressão dos fenômenos naturais, ou seja, o potencial ecológico de determinado espaço no qual há uma exploração biológica, podendo influir fatores sociais e econômicos na estrutura e expressão espacial, porém, sem haver necessariamente, face aos processos dinâmicos, uma homogeneidade interna.

O geossistema é então uma conceituação da epiderme da Terra, onde se encontram, misturam-se e interferem litomassa, aeromassa, hidromassa e biomassa. Ele contém o ecossistema, tomando-o por empréstimo da biologia e ecologia, e não é uma conceitualização da natureza mas unicamente do espaço geográfico material, "natural" ou "humanizado". Assim, o geossistema resulta da combinação de fatores geomorfológicos (natureza das rochas e dos mantos superficiais, valor do declive, dinâmica das vertentes, etc.), climáticos (precipitações, temperatura, massa de ar, etc.) e hidrológicos (lençóis freáticos epidérmicos e nascentes, PH das águas, tempos de ressecamento dos solos, etc). A vegetação desempenha papel importantíssimo em todas as instâncias dos geossistemas, sendo ínfima ou quase nula naqueles dos quais ela não faz parte, por exemplo, os desérticos. O geossistema é, assim, estudado por si e não sob o aspecto limitado de um simples lugar.

Em termos de abordagem, a proposição geossistêmica utiliza a análise integrada do complexo físico-geográfico, ou seja, a conexão da natureza com a sociedade humana. Os geossistemas são fenômenos naturais, mas seu estudo engloba os fatores econômicos e sociais e seus modelos refletem parâmetros econômicos e sociais das paisagens modificadas pelo homem. Para se proceder à utilização do geossistema como abordagem metodológica há que se utilizar, boa parte das vezes, de técnicas sofisticadas de pesquisa tais como os balanços geoquímicos e fluxos de energia global, muito comuns nos estudos de biologia e ecologia, evidência clara de sua proximidade e base no ecossistema. Fases intermediárias de estudos quantitativos e qualitativos estacionais, estruturais e evolutivos devem também permear tal estudo.

A abrangência espacial de um geossistema é de uma dezena a uma centena de quilômetros quadrados aproximadamente (escala média 1:100.000 ou 1:200.000). A justificativa para esta espacialidade limitada é de que nesta escala se situa a maior parte dos fenômenos de interferência entre os elementos da paisagem e evoluem as mais interessantes combinações dialéticas para os geógrafos. Em função destas escalas apresentarem maior compatibilidade à escala humana, as demais, superiores ou inferiores, não são satisfatórias por mascararem as combinações de conjunto. A passagem de um geossistema a outro é marcada por uma descontinuidade de ordem ecológica e, em função de sua dinâmica interna, ele não apresenta grande homogeneidade fisionômica.

Sendo um sistema onde os elementos componentes mantêm inter-relações entre si, o geossistema pode ser representado graficamente como mostra a figura 4.

Figura 4

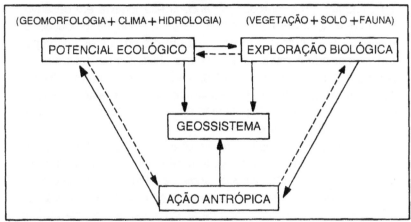

Fonte: G. Bertrand, 1968.

A exploração biológica é uma de suas características, e quando há um equilíbrio entre esta e o potencial do ecossistema, ele se encontra em estado de clímax. Potencial ecológico e ocupação biológica são dados instáveis que variam no tempo e no espaço.

Dois tipos genéricos de geossistemas podem ser facilmente identificados: aquele chamado geossistema em biostasia que apresenta paisagens onde a atividade geomorfogenética é fraca ou nula (geossistema climático, paraclimático, degradado com dinâmica regressiva e com dinâmica progressiva), e aquele chamado geossistema em resistasia onde a geomorfogênese domina a dinâmica global das paisagens (geossistema com geomorfogênese "natural" e geossistemas regressivos com geomorfogênese ligada à ação antrópica).

Analisados na perspectiva do tempo e do espaço os geossistemas apresentam problemas de aplicabilidade, principalmente quando do enfoque temporal, pois a tarefa é muito delicada ao se considerar as heranças, mesmo quando frutos da ação antrópica. Quanto ao espaço, ele não se configura como problema em tal metodologia já que a justaposição dos geossistemas é fato geral.

O estudo da geografia física dentro da metodologia geossistêmica é, na visão de um bom número de geógrafos, sobretudo aqueles mais diretamente ligados à geografia física, o seu objetivo fundamental. Esta metodologia encontra-se todavia em desenvolvimento e apresenta problemas sérios quando da produção de modelos, entre outros. Embora seja um método de estudo important'ssimo, não é muito usado, pois a utilização de determinados componentes (série de medidas, análises finas, nomeação dos geossistemas, hierarquia e precisão de suas inter-relações e dinâmica) têm desafiado a capacidade de um bom número de pesquisadores ligados a esta ciência.

O seu próprio proponente, Sotchava, além de outros seguidores e defensores deste método, tem afirmado nos últimos tempos que essa metodologia carece ainda de alguns novos direcionamentos e não se encontra totalmente concluída, decorrendo daí talvez, as grandes dificuldades de aplicação sentidas pela maioria dos geógrafos físicos. Por isso poucos têm recorrido a ela.

Apresentamos, através das figuras 5 e 6, uma interessante comparação feita por Georges Bertrand entre o modelo da geogra-

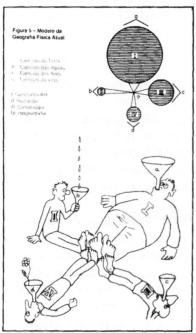
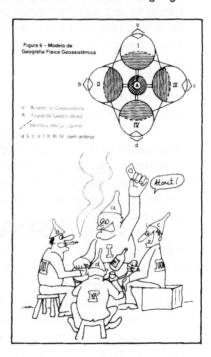

Fonte: G. Bertrand. Hérodote, 1982.

fia física atual com sub-rarnos desenvolvidos separadamente e diferenciados segundo uma hierarquia onde a geomorfologia possui um nível mais elevado que os outros, vindo em seguida a climatologia, biogeografia e hidrologia. Por outro lado, a figura que representa o modelo da geografia física geossistêmica não apresenta uma hierarquização entre os ramos da geografia física, sendo que todos são trabalhados inter-relacionadamente. A comparação retrata a preferência clara do autor pelo modelo de geografia física geossistêmica.

A ECOGEOGRAFIA

Uma das mais recentes metodologias surgidas no contexto da geografia geral e da geografia física particularmente, tendo como base a ecologia na categoria de ciência auxiliar, é a metodologia proposta por J. Tricart e J. Killian em 1979 com o nome de *ecogeografia*.

Na concepção de seus autores, o homem, como todos os outros seres vivos, é um elemento da natureza, com a qual está ligado por múltiplas relações de interdependência. Ele é parte integrante dos ecossistemas, sem os quais, não sendo produtor primário, não poderia existir. O ecossistema é um pano de fundo onde os autores inserem o homem e suas atividades. A proposta dos autores vai então além da simples relação do ser vivo com seu ambiente, preconizada no ecossistema e, por envolver a ação antrópica ela se configura numa nova metodologia dos estudos da geografia física.

A ecogeografia, em definição genérica, é o estudo de como o homem se integra nos ecossistemas e como esta integração é diversificada em função do espaço terrestre. Segundo os autores, esta integração envolve dois aspectos principais: a dependência natural dos homens ao ecossistema (utilização do ar, da água, etc.) e as modificações voluntárias ou não que o homem provoca nos ecossistemas (agricultura, pecuária, poluição, etc.). Estas alterações implicam alterações na ecodinâmica (dinâmica dos ecossistemas).

O objetivo básico desta metodologia, quando de sua proposição, foi o de ajudar no planejamento e utilização do meio natural a fim de não permitir sua devastação. De acordo com esta colocação, pode-se perceber facilmente uma tendência nos estudos de geografia física contemporânea: a preocupação com a degradação ambiental. Isto não significa, como se viu no capítulo anterior, que a geografia física esteja se ocupando do objeto de estudo da ecologia pois, enquanto ciência com métodos e objetivos diversos, seus meios e fins também continuam diferentes; embora o objeto seja o mesmo, a forma de abordá-lo se dá de maneira bastante diferente.

Enquanto método científico de estudo, sua validade e aplicabilidade é realmente satisfatória e bem mais simples que a abordagem geossistêmica, pois a não-utilização de passos específicos e minuciosos é uma característica marcante que dificulta o emprego daquele outro método. Entretanto, por ser de criação e divulgação recentes ainda é utilizado de forma bastante restrita, principalmente no Brasil.

4
ASPECTOS CONTEMPORÂNEOS

Acreditamos ter apresentado nos capítulos anteriores uma série de argumentos que permitem compreender, mesmo que superficialmente, o desenvolvimento geral da geografia e de um de seus ramos, a geografia física, enfocada mais de perto.

Na procura de enriquecer nossas argumentações e ilustrar nosso discurso, escolhemos para esta parte alguns exemplos de produções diferenciadas em geografia física como estudos de casos, obras publicadas, linhas de pesquisa, etc. onde se pode perceber uma grande variedade de concepções.

Antes disso, porém, gostaríamos de tecer considerações, sobre algumas técnicas cartográficas que permitiram o desenvolvimento da geografia como um todo e de maneira especial o da geografia física. Tais técnicas – a fotointerpretação e a análise de imagens de satélites – têm permitido aos pesquisadores contemporâneos, vislumbrar uma perspectiva de utilização social mais pragmática da geografia.

Ressaltamos, no primeiro capítulo deste livro, a importância da cartografia como técnica auxiliar aos estudos de geografia no geral, através das palavras de Pierre George, um dos célebres geógrafos franceses deste século. Nesta parte do presente texto queremos dar destaque àquelas duas técnicas cartográficas que são partes da técnica conhecida por Sensoriamento Remoto.

O Sensoriamento Remoto ou Teledetecção engloba o conjunto de técnicas capazes de fornecer à distância informações relativas a um objeto, utilizando o estudo da emissão e da reflexão dos raios eletromagnéticos no conjunto do espectro luminoso. Os tipos de documentos produzidos por esta técnica, muito utilizados pelos geógrafos, estão mencionados no quadro 1.

QUADRO 1

OS MEIOS DE REGISTRO

	FOTOGRAFIAS AÉREAS	TÉCNICAS NOVAS
Vetores ou portadores.	Avião	Avião, balão e satélite.
Captores, detectores ou sensores	Câmeras fotográficas	Câmeras fotográficas, câmeras de TV (1 canal (IR)multispectral) radar, espectrômetro.
Imagem ou documento	Filmes fotográficos.	Filmes fotográficos, bandas magnéticas e telas catódicas.

Fonte: BARIOU, Robert. Manual de Télédétection. 1978. Obs.: (IR)-Infra-Vermelho.

As fotografias aéreas têm sido utilizadas nos estudos de geografia há muito tempo. Desde antes da Segunda Grande Guerra Mundial os ingleses desenvolveram estudos interessantes, tendo como partida a interpretação de fotografias aéreas, naquela ocasião, do continente australiano. Utilizaram fotografias aéreas em escalas muito pequenas e dentro de uma concepção sobretudo fisionômica. É de se ressaltar a evolução das fotografias aéreas e instrumentos para suas interpretações do começo do emprego desta técnica aos nossos dias.

Durante e após a Segunda Grande Guerra Mundial o emprego da fotointerpretação nos estudos de geografia se deu em larga escala. Houve grande desenvolvimento deste tipo de estudos durante o conflito mundial pela necessidade de conhecimento dos diferentes espaços. No pós-guerra a geografia assumiu algumas novas concepções *(New Geography,* por exemplo) e como se intensificou a dicotomia geografia física *versus* geografia humana – onde cada uma desenvolvia suas especificidades –, além de se ampliar o emprego da matemática e da computação, houve a possibilidade de uma utilização maior das duas técnicas cartográficas no desenvolvimento do conhecimento geográfico.

A aplicação da fotointerpretação à geografia, mesmo não tendo nenhuma responsabilidade na questão da dicotomia dos dois ramos da ciência – questão que se intensificou na fase pós-guerra – não deixou de influenciar um de seus ramos mais que o outro. Se sua aplicação nos estudos de geografia humana não foi muito destacada, restringindo-se apenas ao enfoque dos traçados urbanos, estruturas rurais, vias de circulação e localizações gerais, na geografia física seu emprego se deu em grande escala e em todos os seus ramos. Veja-se o auxílio incontestável desta técnica aos estudos de geomorfologia (estrutural e dinâmica); ao estudo da ocupação dos solos (vegetação natural, reflorestamento, campos de cultivo, etc.); aos estudos da hidrografia (padrões de drenagem, bacias hidrográficas, etc.); às interferências por correlação dos tipos de solos e climas; ao jogo de influências entre as atividades humanas e o quadro físico, etc.

A técnica da fotointerpretação de fotografias aéreas se constitui hoje numa das mais importantes armas para o desenvolvimento dos trabalhos do geógrafo físico, tanto no início da operação quanto no seu desenrolar. É uma arma fundamental para o estudo dos componentes do quadro físico de maneira individualizada e permite inúmeras correlações compreendendo assim suas interrelações, além da inserção da ação antrópica no jogo de influências que se processam no espaço. Cumpre lembrar que a etapa do trabalho desenvolvida no laboratório deve sempre se fazer seguir do controle de campo, o que permite uma melhor compreensão do espaço estudado.

Se num passado recente a grande maioria dos geógrafos se preocupava com o estudo específico de alguns componentes do quadro físico do planeta – buscando, principalmente, o estabelecimento de leis –, com a utilização da técnica que ora enfocamos e devido à possibilidade do tratamento inter-relacionado dos componentes do meio, entre outros fatores, os geógrafos físicos da atualidade têm se voltado mais para a noção de conjunto, ou seja, para o tratamento integrado dos componentes do meio, incluindo o homem. A maioria das metodologias tratadas no capítulo III estão voltadas nesta direção, e a técnica da fotointerpretação trouxe uma grande contribuição nesta direção.

A análise das imagens de satélite é outra técnica, e faz parte das técnicas cartográficas. Produzidas a partir dos anos 60, as imagens de satélite só começaram a ser utilizadas em larga escala em estudos científicos generalizados a partir de meados dos anos 70. São utilizadas amplamente nos estudos de geografia; assim como as fotografias aéreas.

As imagens de satélite diferem bastante das fotografias aéreas, embora tenham o mesmo objetivo: possibilitar a melhor interpretação e compreensão possíveis do espaço terrestre. Produzidas por sistema de computação e sendo também por eles processadas segundo os interesses do operador, elas atendem a fins específicos tais como: meteorologia, climatologia, oceanografia, recursos naturais, urbanização, etc. Pode atender a uma enorme gama de objetivos, dependendo seu manuseio muito do pesquisador.

As primeiras imagens de satélite foram produzidas visando sobretudo o estudo da meteorologia e oceanografia do planeta. Os satélites *Tiros, Essa, Nimbus* foram os primeiros a serem lançados. Durante a primeira década de experimentos, os estudos, em função mesmo do caráter experimental dos satélites, não deram grandes resultados positivos.

Nos anos 70 foram lançados outros satélites meteorológicos/oceanográficos mais bem desenvolvidos, simultaneamente a satélites com objetivos de produzir imagens para os estudos dos recursos naturais e ocupação dos solos (nos anos 70 a série *Landsat* e nos anos 80, a série *Spot).* As imagens dos satélites com resoluções mais satisfatórias permitem muitos outros tipos de estudos além dos já mencionados. Sendo a mais recente e revolucionária técnica para a investigação dos recursos naturais e ocupação dos solos, muito ainda há para ser avançado em termo de *análise* das imagens.

Em função da riqueza das informações que hoje, mesmo com todo o atraso das técnicas de análise, as imagens de satélite proporcionam aos pesquisadores, vislumbra-se, para um futuro próximo, um rápido avanço nos estudos. De todos os pesquisadores, o geógrafo será, sem dúvida, dos mais privilegiados dada à sua qualificação científica já tradicional para a análise do espaço terrestre.

A fotografia da capa deste livro, assim como a fotografia 3 podem exemplificar alguns estudos que utilizam a técnica da análise de imagem de satélite. No exemplo da figura 3 fizemos, em parceria com a geógrafa Laurence Hubert da Université de Rennes 2/Haute Bretagne, França, um estudo da degradação ambiental nas proximidades da cidade de Corumbá/Mato Grosso do Sul (Pantanal Matogrossense) a partir da análise da redução da cober-

Foto 3 – Degradação ambiental no Pantanal Matogrossense a partir da análise da redução da cobertura vegetal natural. Imagem Landsat MSS de 12.05.1981.

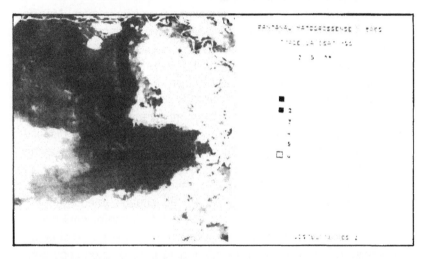

Classe	Densidade da Cobertura Vegetal	Umidade	Porcentagem
1	solos secos nus ou quase nus		1,54
2	fraca	média	19,28
3	média	média	22,53
4	forte (inclui zonas de sedimentação)	média	16,33
5	média	forte	10,39
6	zonas super-úmidas; hidrografia		29,90

Fonte: Hubert, L. e Mendonça, F. A. Laboratório COSTEL – Rennes/França.

tura vegetal natural. A cidade de Corumbá (localizada no canto superior esquerdo da foto da Imagem *Landsat Mss* de 12/05/1981) e suas circunvizinhanças apresenta, em resultado obtido após o tratamento da imagem, uma redução de aproximadamente 21% da sua cobertura vegetal. Após contato com a bibliografia específica referente à área, encontramos a resposta para a degradação ambiental na exploração pecuária do local e na exploração mineral do Maciço do Urucum. Isto se soma ao papel estratégico de Corumbá – há muito a maior cidade pantaneira – e seu desenvolvimento histórico. Os fatores humanos responderam, neste caso, pela alteração do equilíbrio daquele ecossistema frágil, provocando alguns problemas para os habitantes do local tais como inundações, quedas de produções, migrações, etc.

A fotografia 4 da mesma imagem do Satélite *Landsat Mss* de 12/05/1981 do Pantanal Matogrossense permitiu-nos desenvolver um estudo da formação de neblinas no curso médio do rio Paraguai. A área da fotografia é a confluência do rio Taquari com o Paraguai, sendo que o destaque da imagem que nos chamou a atenção e nos despertou para sua análise foi a neblina disposta no sentido norte-sul da imagem e sua configuração afilada, já que o Pantanal não apresenta vales fechados que modelariam a disposição da neblina. Pela análise da imagem chegamos à conclusão de que a neblina apresentava aquela disposição em função de dois fatores climáticos principais: a concentração da umidade em função da evapotranspiração da vegetação situada imediatamente sob a neblina, na parte mais escura da foto (quanto mais negro, maior o teor de umidade), e dos ventos fracos que provavelmente sopravam no local naquela manhã. Finalizamos o estudo apontando a necessidade da preservação do ecossistema pantaneiro pois, uma vez que o homem desmate a área, as trocas de umidade entre a atmosfera e a superfície estarão comprometidas, ou seja, o ciclo hidrológico será alterado em sua composição.

Pode parecer que estudos como este que acabamos de apresentar sobre as análises de imagens de satélites do Pantanal Matogrossense estejam muito próximos da aplicação de uma técnica de pesquisa ao estudo da natureza especificamente. Uma afirmação deste tipo, porém, não seria por completo verdadeira: se não houvéssemos desenvolvido todo um levantamento histórico do

Foto 4 – Estudo de um fenômeno climático local – neblina – no Pantanal Matogrossense através da análise de uma Imagem Landsat MSS de 12.05.1981.

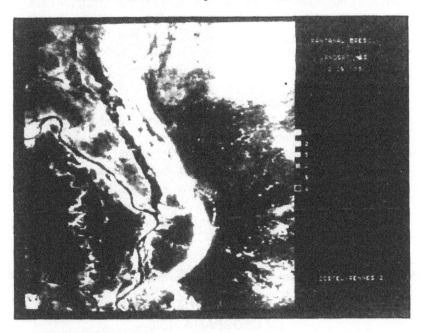

1 – Nevoeiro (neblina e areias)
2 – Cobertura vegetal muito fraca e média umidade
3 – Cobertura vegetal fraca e média umidade
4 – Cobertura vegetal forte e média umidade
5 – Cobertura vegetal forte e forte umidade
6 – Formação hidrográfica

Fonte: Hubert, L. e Mendonça F. A. Laboratório COSTEL – Rennes/França.

local e atividades sociais e econômicas do Pantanal Matogrossense, a compreensão daquela alteração ambiental nos seria realmente muito difícil. Por outro lado, no caso a que se refere a fotografia, o conhecimento destas condições já não foi necessário mas se elas se desenvolverem muito rapidamente sobre o local, o equilíbrio de suas condições naturais será indubitavelmente rompido e as conseqüências recairão sobre o próprio homem. Causas e conseqüências sociais devem ser sempre levadas em consideração quando dos estudos do quadro físico desenvolvidos pelo profissional em geografia.

A fotointerpretação e a análise de imagens de satélites são amplamente aplicadas aos estudos de geografia física, principalmente em países desenvolvidos, como Estados Unidos, França, Inglaterra e Suécia em virtude de seus avanços tecnológicos.

No Brasil, os primeiros estudos utilizando a técnica da análise de imagens de satélites, começaram a aparecer no final da década de 70. Hoje encontram-se razoavelmente desenvolvidos, embora pouco difundidos. O INPE (Instituto de Pesquisas Espaciais) em São José dos Campos/São Paulo, lidera a produção de estudos neste ramo, concentrando as imagens, os instrumentos de análise e qualificação de pessoal para tal trabalho. Outros centros, de menor envergadura que o INPE, estão distribuídos pelo país, ligados a algumas universidades como é o caso dos Centros de Sensoriamento Remoto da Universidade de Santa Maria, no Rio Grande do Sul, e universidades de Santa Catarina, Rio de Janeiro, entre outras.

A HETEROGENEIDADE DAS PRODUÇÕES EM GEOGRAFIA FÍSICA

Vamos apresentar aqui alguns exemplos de produções diferenciadas em geografia física que caracterizaram e caracterizam o rol de produções científicas deste ramo da ciência geográfica no Brasil, fato que ilustra sua heterogeneidade. Deixamos claro *a priori*, que não tencionamos qualificar de mais ou menos geográfica qualquer das produções que apresentaremos e por ventura comentaremos. Elas são apresentadas no simples intuito de permitir um discernimento mais claro por parte do leitor da complexidade e heterogeneidade do tratamento do conteúdo de geografia física.

Iniciamos esta apresentação de produções diferenciadas citando algumas produções que caracterizam uma geografia física mais próxima aos estudos individualizados dos componentes do quadro natural, desenvolvidos sem levar em conta ou dando muito pouca relevância à ação antrópica no seu jogo de inter-relações, mas nem por isso deixando de ser geografia. Se por um lado, enquanto produção individualizada e específica dos componentes do quadro físico em suas composições e distribuições no planeta ou em lugares específicos, as produções caracterizaram o desenvolvimento segmentado do conhecimento geográfico; por outro lado, em função do enfoque espacial dado a esses componentes no tratamento feito pelos geógrafos físicos, serviram e servem como base a interpretações gerais por geógrafos humanos que procuram relacionar seu objeto de estudos ao local onde está situado, pelo menos.

Dentre as produções que caracterizam este tipo de geografia física encontram-se sobretudo aquelas produzidas segundo a concepção demartoniana. A obra intitulada *Tratado Geral de Geografia Física*, publicada pela primeira vez no começo deste século na França, e já mencionada anteriormente é o principal exemplo do caso que ora discutimos.

Outros autores seguiram o caminho de De Martonne e publicaram obras de geografia física especializada. A nível geral pode-se destacar, entre outras, as *Geografia Física* de Sotchava e a de Arthur Strahler.

Seguindo esta mesma linha de pensamento, foi publicado no Brasil durante os anos 50 o famoso livro *Brasil, a Terra e o Homem – As Bases Físicas*, sob a coordenação de Aroldo de Azevedo, que reuniu em alguns capítulos todos os aspectos físicos do território brasileiro, assim divididos: geologia, geomorfologia, clima, solo, vegetação, bacias hidrográficas e litoral. Na mesma linha desse autor, os geógrafos do IBGE (Instituto Brasileiro de Geografia e Estatística) publicaram nos anos 60 e 70 a "Coleção de Geografia do Brasil – As Regiões Brasileiras", onde, através da divisão regional do país feita por aquele órgão, tratou-se das partes físicas separadamente das partes humanas, não se preocupando com suas inter-relações.

Alguns geógrafos ligados principalmente ao estudo de geografia física como Antonio Christofolleti, Aziz Ab'Saber, Margarida Penteado entre inúmeros outros têm, no Brasil, publicado algumas obras específicas com um enfoque especial de geomorfologia. O título destas obras espelham o seu conteúdo: *Geomorfologia, Geomorfologia Fluvial, Os Domínios Morfoclimáticos na América do Sul, Contribuição à Geomorfologia da Área dos Cerrados, Fundamentos de Geomorfologia*, etc. Por vezes, estes autores também se preocuparam com a relação desse meio físico com a sociedade, dando-lhe um enfoque especial como nas obras: *Degradação da Natureza por Processos Antrópicos, A Geomorfologia no Contexto Social*, etc.

Em relação à climatologia destacam-se as obras de Carlos A. F. Monteiro *Análise Rítmica em Climatologia, Teoria e Clima Urbano*, etc. Outras obras desse autor ilustram a preocupação com a geografia física no contexto geográfico e com a própria geografia: *O Clima e a Organização do Espaço no Estado de São Paulo: Problemas e Perspectivas, A Questão-Ambiental no Brasil 1960-1980*, etc. Edmond Nimer, geógrafo do IBGE, desde os anos 60 muito tem produzido sobre a climatologia do Brasil e ultimamente tem inserido o jogo de inter-relações sociedade – natureza no contexto de análises. A parte relativa à biogeografia assim como à hidrologia sempre foi, de certa maneira, fracamente desenvolvida sendo, na maioria das vezes, tratada como parte da climatologia e da geomorfologia.

Os geógrafos mencionados produziram principalmente o que poderíamos classificar de geografia física pura, tratando individualmente os componentes do quadro físico em suas composições e processos evolutivos através de suas próprias leis. Em alguns casos foram desenvolvidas análises das relações destes componentes com a ação antrópica, como pode ser percebido em algumas obras de Penteado e Monteiro, principalmente.

Os autores e obras que estamos apresentando compõem uma pequena parte do corpo de geógrafos físicos e suas produções no Brasil, mas constituem-se nos mais importantes da geografia física brasileira, tanto do ponto de vista da quantidade quanto da qualidade. A exclusão de uma grande maioria de obras e autores não significa que não tenham importância: é que se buscou apresentar os exemplos conhecidos de um público mais abrangente.

Um outro tipo de produção de geografia física, desenvolvido muito mais recentemente no Brasil, principalmente após os anos 60, segue as concepções de Georges Bertrand e Jean Tricart, principalmente. Este segmento ainda tem se caracterizado por uma fraca produção ao nível de publicações. A maior parte desses trabalhos constituem-se em monografias de conclusão de curso de graduação e especialização, dissertações de mestrado ou teses de doutorado, por isso mesmo com pequena divulgação no seio da comunidade geográfica, arquivados que são nas instituições de ensino onde são elaborados.

No capítulo anterior discorremos acerca das concepções de Georges Bertrand e Jean Tricart, principalmente, e assinalamos sua preocupação com a relação entre o quadro físico do planeta e as organizações sociais, num jogo de implicações recíprocas. É com esta configuração que os geógrafos físicos contemporâneos têm tentado produzir sua ciência na medida em que continuam a buscar a compreensão do quadro natural através de suas próprias leis e dinâmica, ao mesmo tempo que inserem a sociedade no seu conjunto de variáveis.

É sensível o redirecionamento das produções em geografia física tendo à frente, atualmente, as preocupações com o meio ambiente; nesta linha de trabalhos, há que se destacar a tese da geógrafa da Universidade Federal do Rio Grande do Sul, Dirce M. A. Suetergary, intitulada *A Trajetória da Natureza: Um Estudo geomorfológico dos Areais de Quaraí/RS*, que tão bem caracteriza esta nova linha da geografia física que começa a ganhar corpo.

5
CONSIDERAÇÕES FINAIS

As apreciações acerca da geografia e especialmente acerca da geografia física, apresentadas nos quatro capítulos anteriores, levam-nos a tecer algumas considerações para realçar alguns pontos que sintetizam ou aglutinam as idéias e direcionamentos básicos do presente trabalho. Estas considerações encontram-se bastante distantes de uma conclusão da temática abordada. Seu objetivo é contribuir e enriquecer discussões sobre o assunto.

• A geografia é a única entre as ciências humanas a ter em conta os aspectos físicos do planeta (quadro natural). Daí a grande problemática epistemológica e metodológica desta ciência. Analisar os processos que se desenvolvem na natureza e na sociedade, individual e conjuntamente, é tarefa árdua e exige grande competência. Neste sentido não é de se estranhar que boa parte dos geógrafos caia na produção de trabalhos especializados, aprofundando a setorização do conhecimento geográfico. A alternativa – a produção de uma geografia global, envolvendo tanto as análises do meio natural, quanto da sociedade em suas mútuas relações de causas e efeitos –, não significa desenvolver uma ciência de cunho meramente enciclopédico ou descritivo, mas sobretudo caminhar no sentido da fidelidade ao objetivo principal desta ciência: o estudo da relação entre o homem e seu meio, entre a sociedade e a natureza;

• Os geógrafos físicos e geógrafos humanos que acirram suas especializações de acordo com sub-ramos individualizados da geografia caminham de forma muito ambígua. Analisar ou trabalhar somente os fenômenos sociais esquecendo do espaço físico sobre o qual eles se desenvolvem é tão incompleto do ponto de vista geográfico, quanto analisar ou trabalhar o quadro físico de um lugar sem considerar as ações e relações humanas em seu contexto. Todavia, nem um nem outro deixam de ser geografia desde que os fenômenos abordados estejam trabalhados dentro de uma espacialidade, conforme os princípios básicos desta ciência;

• Ainda sobre o aspecto da setorização do conhecimento geográfico, endossamos as palavras de Yves Lacoste (1982):

"embora haja dificuldades, parece necessário manter o princípio de uma geografia global, ao mesmo tempo física e humana, encarregada de dar conta da complexidade das interações na superfície do globo entre os fenômenos que dependem das ciências da matéria, da vida e da sociedade. Bem entendido, este princípio de uma geografia global não exclui absolutamente que alguns geógrafos se especializem nos estudos dos aspectos espaciais dos fenômenos humanos, e outros na análise das combinações espaciais dos fenômenos físicos. É indispensável, porém, que uns e outros guardem contatos suficientes entre si, tenham preocupações epistemológicas comuns e que aqueles que são mais engajados na ação, ocupem-se do emaranhado nesta ou naquela porção do espaço dos diversos fenômenos humanos. Isto não é somente do interesse deles, dos geógrafos; é definitivamente do interesse de todos os cidadãos.

• A geografia física possui duas características fundamentais: a proximidade acentuada com as ciências naturais, registrando inúmeros trabalhos com esta conotação; e a outra voltada às alterações do quadro natural do planeta, muito próxima da ecologia e da geografia humana, que leva em consideração a ação humana na análise da organização dos espaços. Tanto uma quanto a outra são subdivisões daquela divisão pertencente à geografia, sendo muito difícil estabelecer uma hierarquia de valor entre os diversos pontos de vista;

• Finalmente – e talvez o mais importante direcionamento que nos conduziu durante a elaboração deste texto –, temos a convicção da necessidade de se trabalhar pela unicidade do pensamento geográfico. A dicotomia ou separação entre geografia física e geografia humana já é bastante antiga e seu desaparecimento ainda não está sendo vislumbrado pois a proliferação dos trabalhos que realçam a setorização do pensamento geográfico é bastante grande. Se acreditamos e defendemos que os trabalhos que envolvem tanto os aspectos humanos quanto os aspectos físicos do ambiente são aqueles mais próximos a uma geografia global, não retiramos a geograficidade daqueles que tenham desenvolvido um enfoque específico de determinado fenômeno;

- Há que ser frisado ainda que a geografia física é uma parte da ciência denominada geografia e que, como tal, é uma subdivisão das ciências humanas; quer seu enfoque seja aceito dentro da dicotomia geografia física *versus* geografia humana, quer como aspecto importante de uma geografia de caráter mais global.

SUGESTÕES DE LEITURA

Gostaríamos de apresentar ao leitor uma lista de publicações produzidas diretamente sobre a questão teórica da geografia física mas, infelizmente, isto não será possível, haja vista a quantidade reduzida de obras que tratam o assunto na especificidade. Geralmente encontramos este assunto tratado juntamente com inúmeros outros que compõem os aspectos da ciência geográfica.

No caso específico da geografia física, principalmente no tocante à parte contemporânea, vamos encontrar uma bibliografia bastante rica mas a maior parte em língua estrangeira, em francês principalmente. Boa parte destas obras compõe-se de artigos publicados pela Editora François Maspero, de Paris, na Coleção Herodote.

Indicamos logo a seguir uma parte das obras que nos auxiliaram mais de perto na confecção deste trabalho.

Em primeiro lugar as obras de caráter mais geral que tratam da geografia como um todo, em suas várias instâncias e aspectos e, em segundo lugar, as obras que tratam mais especificamente da geografia física. Eis as obras de caráter mais geral:

ANDRADE, M. C. *Geografia, Ciência da Sociedade: Uma Introdução à Análise do Pensamento Geográfico*. São Paulo, Atlas, 1987.

BARRIOU, R. *Manuel de Télédétection*. Paris, Sodipe, 1978.

BROEK, J. O. M. *Iniciação ao Estudo da Geografia*. 3ª edição, Rio de Janeiro, Zahar, 1976.

Caderno ORIENTAÇÃO nº 6. São Paulo. IG/Universidade de São Paulo, 1985.

GEORGE, P. *Os Métodos da Geografia*. São Paulo, DIFEL, 1978.

HARTSHORNE, R. *Propósitos e Natureza da Geografia*. 2ª edição, São Paulo, HUCITEC/Editora da Universidade de São Paulo, 1978.

KONDER, L. *O Que é a Dialética?* 14ª edição, São Paulo, Brasiliense, Coleção Primeiros Passos, 1986.

LACOSTE, Y. *A Geografia Serve Antes de Mais Para Fazer a Guerra*. Cópia de uma edição mimeografada traduzida para o português de Portugal. Sem editora e sem data.

MONTEIRO, C. A. F. *A Geografia no Brasil (1934-1977): Avaliação e Tendências*. São Paulo, IG/USP, 1980.

MORAES, A. C. R. *Ideologias Geográficas*. São Paulo, HUCITEC, 1988.

MORAES, A. C. R. e COSTA, W. M. *Geografia Crítica: A Valorização do Espaço*. São Paulo, HUCITEC, 1984.

MOREIRA, R. *O Que é Geografia?* São Paulo, Brasiliense. Coleção Primeiros Passos, 1981.

RECLUS, E. *Geografia*/Organizador: Manuel Correia de Andrade, São Paulo, Ática, 1985.

SANTOS, M. (org.). *Novos Rumos da Geografia Brasileira*, São Paulo, HUCITEC, 1988.

SORRE, M. *Geografia*/Organizador: Januário Francisco Megale, São Paulo, Ática, 1984.

WOOLDRIDGE, S. W. e GORDON EAST, W. *Espírito e Propósitos da Geografia*. 2ª edição, Rio de Janeiro, Zahar, 1967.

Estamos certos de que o leitor vai encontrar inúmeros questionamentos em relação à geografia física caso leia uma parte das obras desta lista. Para se orientar melhor e adquirir uma boa compreensão do tema em discussão, aconselhamos a leitura de algumas obras mais específicas.

A obra mais importante sobre questões teóricas em geografia física, publicada no Brasil, é o *Boletim de Geografia Teorética*, vol. 15 nºs 29-30, AGETEC – Rio Claro, SP, 1985. Esta publicação reúne uma boa quantidade de artigos relacionados à referida questão, escritos por renomados geógrafos físicos. E ainda:

AB'SABER, A. N. "As Geociências no Brasil", In: *História das Ciências no Brasil* (FERRI, M. G. organizador), vol. 2, São Paulo, Editora Pedagógica Universitária e EDUSP, 1981.

BAUDET, G. e outros. "Premiers Elèments pour un Débat", In: *Hérodote nº 26*, Paris, 1982.

BERTRAND, G. "Construire La Géographie Physique", Paris, *Hérodote nº 26*, 1982.

——————————. "La Géographie Physique Contre Nature?", Paris, *Hérodote nº 12*, 1978.

—————————— "Paisagem e Geografia Física Global – Esboço Metodológico". *Cadernos de Ciências da Terra* (13), São Paulo, IG/USP, 1971.

CHRISTOFOLETTI, A. "A Geografia Física", In: *Boletim de geografia teorética*, 11(21-22): 5-18, Rio Claro, 1981.

ENGELS, F. *A Dialética da Natureza*. Rio de Janeiro, Paz e Terra, 1987.

JOLY, F. "La Géographie N'est-Elle Qu'une Science Humanine?", In: *Hérodote nº 12*, Paris, 1978.

LACOSTE, Y. "Les ecologistes, Les geographes et les 'Ecolos'," In: *Hérodote nº 26*, Paris, 1982.

MARCHAND, J. P. *Contraintes Climatiques et Espace Géographique. Le Cas Irlandais*, Caen/France, Paradigme, 1985.

MONTEIRO, C. A. F. *A Questão Ambiental no Brasil 1960-1980*. São Paulo, IG/USP, 1971.

ORELLANA, M. M. "A Geomorfologia no Contexto Social", In: *Simpósio Teoria e Ensino da geografia*, vol. 2, MEC-SESU-UFMG, Belo Horizonte, 1983.

—————————— . "Geografia e Meio Ambiente", In: *Geografia* 6(11-12):207-219, Rio Claro, 1971.

SOTCHAVA, V. "O Estudo dos Geossistemas", In: *Métodos em Questão nº 16*, São Paulo, IG/USP, 1977.

TRICART, J. *Ecodinâmica*. Rio de Janeiro, FIBGE/SUPREN, 1977.

TRICART, J. e KILIAN, J. *L'Eco-Géographie et L'Aménagement du Milieu Naturel*, Paris, François Maspero, 1979.

O LEITOR NO CONTEXTO

Para ampliar seus conhecimentos de geografia física, sugerimos ao leitor comparar as posições de Elisée Reclus, Tricart e Christofoletti. E também, fazer uma leitura comparativa entre Lacoste, Hartshorne e Sorre, procurando perceber as diferentes concepções da geografia geral.

Outra sugestão: discutir questões ambientais que afligem seu bairro, cidade e país. Discutir as várias alterações que a natureza sofre, frutos da atuação humana. Veja-se o caso de Cubatão: todo avanço industrial, decorrente da implantação do parque petroquímico e siderúrgico na Baixada Santista, hoje é questionável. A intensa poluição praticamente destruiu a Mata Atlântica, deixando a região ameaçada de deslizamentos, com previsões de catástrofes.

Seria também interessante comparar uma área do estado que não tenha sofrido a ação humana e outra já totalmente transformada pelo homem.

A dualidade *geografia física* e *geografia humana* e as diferentes interpretações da questão ambiental que elas podem propiciar são também discussões a serem desenvolvidas em classe.